AF825864

Herausgeber:

Institut für Kunststoffverarbeitung (IKV)
in Industrie und Handwerk an der RWTH Aachen
Abteilung Aus- und Weiterbildung
Seffenter Weg 20152074 Aachen

Zertifikat-Registrier-Nr. 506259 QM15

Die Autoren:

Dr.-Ing. Martin Facklam
Leo Wolters
Adam Vreydal
Anton Ackermann

© 2011 - 2022 Institut für Kunststoffverarbeitung (IKV) in Industrie und Handwerk an der RWTH Aachen

Dieses Werk ist urheberrechtlich geschützt. Kein Teil des Werkes darf – mit Ausnahme der vom Urheberrecht zugelassenen Verwertung – ohne schriftliche Einwilligung des Herausgebers reproduziert oder unter Verwendung elektronischer Systeme verarbeitet, vervielfältigt oder verbreitet werden, insbesondere auch nicht für Zwecke der Unterrichtsgestaltung.

Herstellung und Vertrieb:

DVS Media GmbH
Aachener Straße 172
40223 Düsseldorf

5., überarbeitete und erweiterte Auflage 2022
ISBN: 978-3-96144-191-4

Titelbild: © Alex – stock.adobe.com

Wir freuen uns, dass Ihnen nun die 5., überarbeitete und erweiterte Auflage der Schulungsunterlage für den IKV-Lehrgang „Kunststofflaminieren und -kleben nach DVS 2290“ vorliegt. Fortschreibungen der Regelwerke im Apparate-, Behälter-, Rohrleitungs-, Boots- und auch Rotorblattbau sowie technische Weiterent-wicklungen im Kunststoffbereich sind in der Überarbeitung berücksichtigt.

Unser seit dem Jahre 1971 kontinuierlich weiterentwickeltes Lehrgangskonzept, das IKV-Kontextsystem, hat sich vielfach bewährt und unterstützt Sie im Rahmen Ihrer beruflichen Weiterbildung. Die überarbeiteten Inhalte bilden den Lehr- und Lernweg für den theoretischen Lehrgangsteil. Die Schulungsunterlage ist in lernschrittgerechte Lerneinheiten unterteilt, die ausgehend von den für das fundamentale Werkstoff- und Prozessverständnis erforderlichen Grundlagen das relevante Anwendungsfachwissen vertiefen. Stellenweise vorhandene Textlücken dienen dazu, Lerninhalte gemeinsam mit den Ausbildern / den Ausbilderinnen zu erarbeiten, sodass Sie die Lerninhalte gezielt verinnerlichen können. Weiterhin weisen die Lerneinheiten separate Notizfel-der für Mitschriften auf. Nach dem Lehrgangsende liegt Ihnen somit ein in Teilen selbst erarbeite-tes Nachschlagewerk vor, dass Ihnen im Praxisalltag nützliche Informationen liefern kann.

An dieser Stelle sei darauf hingewiesen, dass die Schulungsunterlage allerdings nicht zum Selbststudium dient und somit nicht die Lehrgangsteilnahme ersetzt.

Unser Ziel ist es, die Lehrgänge bundesweit einheitlich durchzuführen und jedem Lehrgangsteilnehmer / jeder Lehrgangsteilnehmerin ein fachlich hochwertiges und didaktisch wertvolles Werk für den Lernprozess an die Hand zu geben.

Wir wünschen Ihnen viel Spaß beim Lernen und Arbeiten mit dieser neuen Auflage!

Martin Facklam
Leo Wolters
Adam Vreydal
Anton Ackermann

Anregungen für Verbesserungen nehmen wir gerne entgegen
(abteilung-aus-und-weiterbildung@ikv.rwth-aachen.de).

Kunststoffgrundlagen

LE 1 Einleitung

Die Bezeichnung ______________ steht nicht für ein einziges Material, sondern ist der Oberbegriff für eine Werkstoffklasse, die viele verschiedene Kunststofftypen umfasst.

Insbesondere in der älteren Literatur sowie im allgemeinen Sprachgebrauch werden „Kunststoffe" teils als „Plastik" oder „Plaste" (von lat. „plasticus" mit der Bedeutung weich, verformbar, elastisch) bezeichnet.

Notizen

LE 2 Vorteilhafte Eigenschaften von Kunststoffen

a) **Kunststoffherstellung und -verarbeitung**: wirtschaftlich, relativ geringer Energieeinsatz erforderlich

b) **Breites, einstellbares mechanisches Eigenschaftsspektrum**: weich/fest, biegsam/biegesteif

c) **Geringe Dichte**: leichte Formteile herstellbar

d) **Hohe chemische Beständigkeit**: breites Anwendungsgebiet auch bei Medienkontakt

e) **Leitfähigkeit**: gute thermische und elektrische Isolatoren

f) **Optik**: häufig optisch transparent, jedoch beliebig einfärbbar

Unterschiedlich eingefärbtes Kunststoffgranulat

Kunststoffdeckel

Notizen

LE 3 Einsatzgebiete von Kunststoffen

Die heutige Kunststoffanwendung erstreckt sich aufgrund der vielfältigen Eigenschaften auf nahezu alle Lebensbereiche:

- Massenartikel: Bauwesen, Landwirtschaft, Verpackungen, Haushaltsgeräte, Freizeitprodukte etc.
- Höherwertige Produkte: Automobilindustrie, Elektrotechnik, Feingerätebau etc.
- High-Tech-Anwendungen: Motorsport, Luft- und Raumfahrtindustrie

Notizen

LE 4 Anwendungsbeispiel für Standardkunststoffe

Standardkunststoffe zeichnen sich dadurch aus, dass sie kostengünstig in großen Mengen hergestellt werden können und vielseitig verwendbar sind.

Ein exemplarisches Anwendungsgebiet sind flexible Kunststoffverpackungen (z. B. Chipstüten).

Die Verpackung erfüllt zugleich mehrere Aufgaben (z. B. Bedruckbarkeit zu Kennzeichnungszwecken, Wiederverschließbarkeit) und schützt das jeweilige Füllgut während des Transportes sowie der Lagerung vor vielfältigen Einflüssen (Stößen, Druck, Feuchtigkeit, UV-Strahlung etc.).

Notizen

Um die vielen Aufgaben anforderungsgerecht zu erfüllen, kommen Mehrschichtfolien zum Einsatz, die zusätzliche Funktionsschichten (z. B. eine Barriereschicht) aufweisen können. In der Entwicklung von Lebensmittelverpackungen stecken daher ingenieurtechnische Leistungen, die für den Verbraucher nicht sichtbar sind.

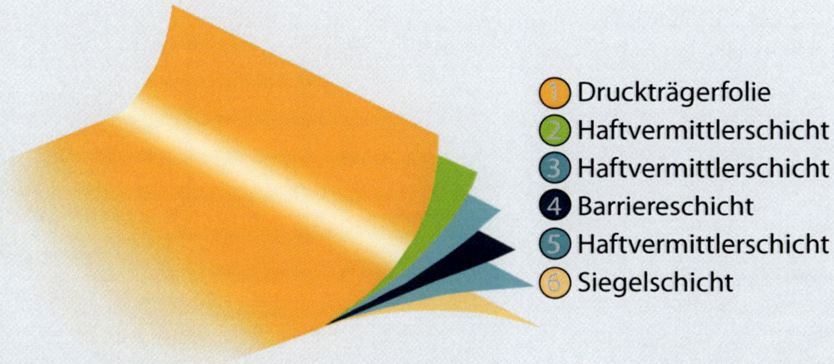

Notizen

LE 5 Anwendungsbeispiel für technische Kunststoffe

Technische Kunststoffe weisen im Vergleich zu Standardkunststoffen bessere Gebrauchseigenschaften auf, sind jedoch teurer in der Herstellung und werden in geringeren Mengen produziert.

Notizen

LE 6 Anwendungsbeispiel für Hochleistungskunststoffe

Hochleistungskunststoffe zeichnen sich gegenüber technischen Kunststoffen durch eine bessere Leistungsfähigkeit (höhere Temperaturbeständigkeit, höhere Chemikalienbeständigkeit und besseres mechanisches Verhalten) im Gebrauch aus.

Die Produktionskosten sind im Vergleich zu Standardkunststoffen und technischen Kunststoffen deutlich höher und die Produktionsmengen sind wesentlich geringer.

Notizen

LE 7 Rohstoffe für die Kunststoffherstellung

Kunststoffe werden aus natürlichen Rohstoffen wie Erdöl, Erdgas, Kohle oder Zellulose hergestellt. Der wichtigste Rohstoff ist ________.

Notizen

LE 8 Destillation

Das Rohöl wird destilliert. Bei der Erhitzung in der Destillationsanlage bilden sich verschiedene ________________. Die für die Kunststofferzeugung wichtigste Fraktion ist Rohbenzin (Naphta).

In einem thermischen Spaltprozess (Cracken) wird das Rohbenzin in Ethylen (Ethen), Propylen (Propen), Butylen (Buten) und weitere ________________________________ aufgespalten.

Aus Ethylen können dann in nachfolgenden Reaktionsprozessen weitere Ausgangsstoffe (z. B. Styrol oder Vinylchlorid) gewonnen werden.

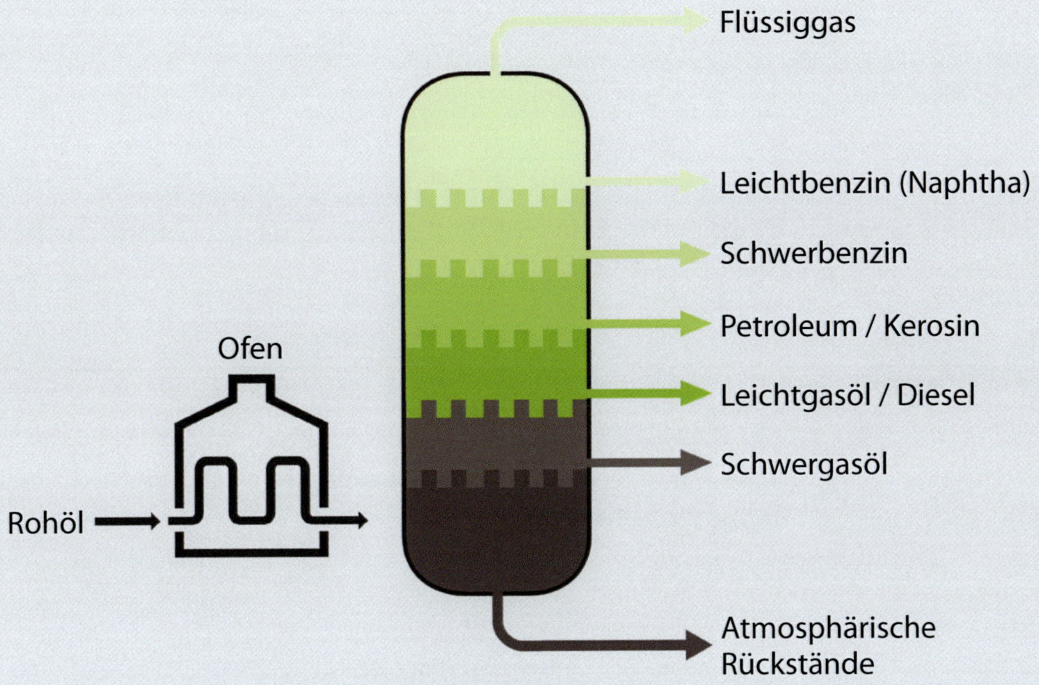

Als Syntheseverfahren zur Kunststoffherstellung kommen die Polymerisation, die Polykondensation oder die Polyaddition zum Einsatz.

Die Verfahrensauswahl hängt vom jeweiligen Kunststofftypen bzw. Spaltprodukt ab. Ethylen wird beispielsweise mittels Polymerisation zum typischen Rohrwerkstoff Polyethylen umgewandelt.

Notizen

LE 9 Monomere und Polymere

Die Moleküle, aus denen Kunststoffe hergestellt werden, sind ____________ (Ausgangsstoffe, kleine Moleküle).

Aus den Monomeren entstehen durch einen chemischen Prozess Makromoleküle, die sogenannten ____________.

Der Prozess, in dem aus Monomeren Polymere werden, also die Kunststoffherstellung, heißt Polymerisation („zum Polymer machen").

Notizen

LE 10 Monomer

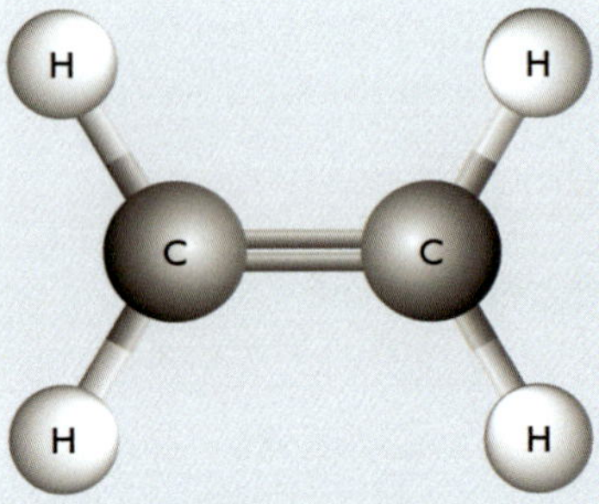

Ungesättigte Verbindung am Beispiel von „Ethylen"

Summenformel: __________

Notizen

LE 11 Polymer

Aktiviertes Ethylen kann weitere Atome oder Moleküle binden.

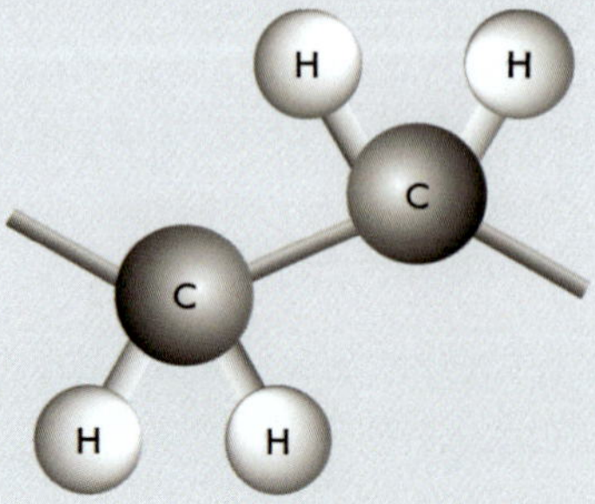

Wird das Wasserstoffatom [H] durch ein Chloratom [Cl] ersetzt, entsteht Vinylchlorid. Aus dem Vinylchlorid kann dann Polyvinylchlorid (PVC) hergestellt werden.

Notizen

LE 12 Makromolekularer Aufbau

Kunststoffe bestehen aus sogenannten Makromolekülen, d. h. sehr lange Molekülketten. Die Molekülketten setzten sich aus mindestens __________ Monomeren zusammen.

Makromoleküle werden aufgrund ihrer chemischen Struktur auch als Faden- oder Kettenmoleküle bezeichnet.

Beim Polyethylen beispielsweise sind die Monomere _______________ aneinandergereiht, sodass häufig die Bezeichnung lineares Makromolekül Verwendung findet.

Jedoch bilden sich in Abhängigkeit der Reaktionsbedingungen bei der _________________ von Polyethylen auch verzweigte Makromoleküle mit einer Hauptkette und zusätzlichen _________________ , wobei auch die räumliche Anordnung beeinflusst werden kann.

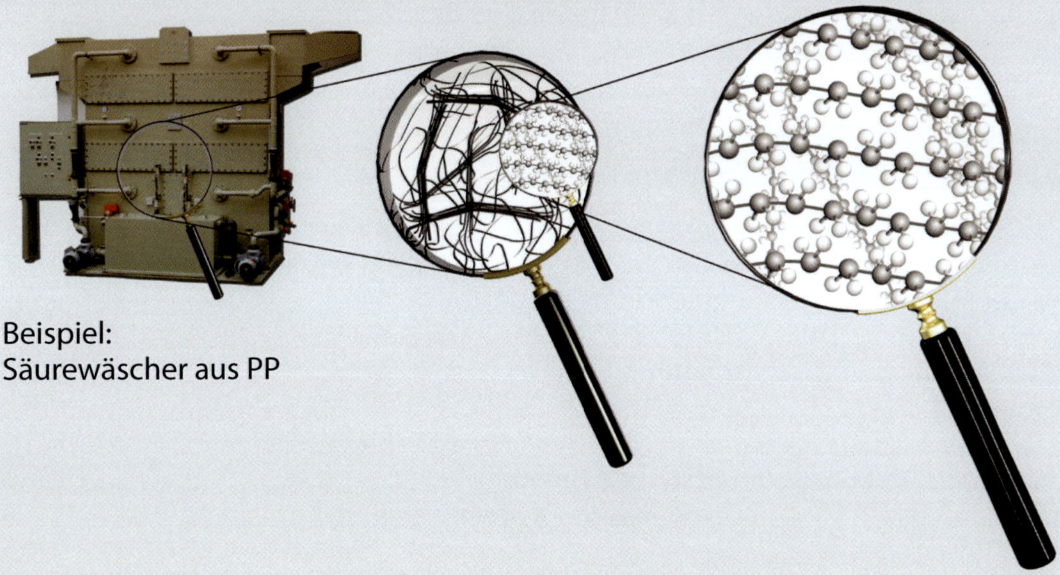

Beispiel:
Säurewäscher aus PP

Notizen

LE 13 Bindungskräfte

Die Kräfte, die die Moleküle zusammenhalten, sind __________ als die chemischen Bindungskräfte, die innerhalb der Moleküle wirksam sind.

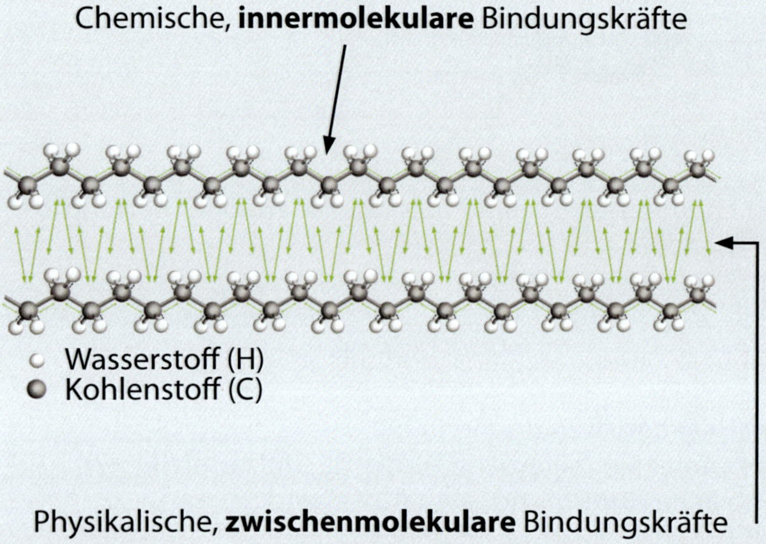

Notizen

LE 14 Zwischenmolekulare Kräfte

Die zwischenmolekularen Kräfte ändern sich, wenn sich der Abstand der Makromoleküle zueinander verändert.

- Kleiner Abstand _________ zwischenmolekulare Bindungskräfte

Der Molekülabstand und damit die Festigkeit des Materials lassen sich durch__________ beeinflussen. Deshalb werden diese Kunststoffe als ________________ bezeichnet.

Notizen

LE 15 Einteilung der Kunststoffe

Kunststoffe werden nach ihrem molekularen Aufbau sowie den Bindungsmechanismen zwischen den Makromolekülen in Thermoplaste, Elastomere und Duroplaste unterteilt.

Kunststoffe			
Thermoplaste		Elastomere	Duroplaste
amorph	teilkristallin		
Polycarbonat (PC)	Polyprobylen (PP)	Ethylen-Propylen-Dien-Kautschuk (EPDM)	Ungesättigtes Polyesterharz (UP)
Polymethylmethacrylat (PMMA)	Polyethylen (PE)	Styrol-Butadien-Kautschuk (SBR)	Vinylesterharz (VE)
Polyethylentherephtalat-Glycol (PETG)	Polyoxymethylen (POM)	Acrylnitril-Butadien-Kautschuk (NBR)	Epoxidharz (EP)
Polyvinylchlorid (PVC)	Polyamid (PA)		Phenol-Formaldehyd-Harz (PF)
Acrylnitril-Butadien-Styrol (ABS)	Polyvinylidenfluorid (PVDF)		Melamin-Formaldehyd-Harz (MF)
	Ethylen-Chlortrifluorethylen (ECTFE)		

LE 16 Thermoplaste

Kunststoffe, die durch Wärmeeinwirkung verformbar sind, heißen _________________. Durch diese Eigenschaft der Thermoplaste ist eine nahezu grenzenlose Formgebung möglich.

Die Makromolekülketten sind bei Thermoplasten nicht miteinander vernetzt. Bei Wärmeeinwirkung können sich die Abstände zwischen den Ketten daher ungehindert vergrößern, sodass Thermoplaste schmelzbar und auch schweißbar sind. Charakteristisch für Thermoplaste ist, dass die zwischenmolekularen Kräfte bei Wärmeentzug wieder ____________ werden, d. h. die Thermoplaste werden durch Abkühlen wieder ________.

Notizen

LE 17 Amorphe Thermoplaste

Die ungeordnete, wattebauschartige Anordnung der Makromoleküle wird als ____________________ bezeichnet.

Notizen

LE 18 Teilkristalline Thermoplaste

Die Anordnung der Makromoleküle ist im Werkstoff teilweise geordnet (___________) und teilweise ungeordnet (amorph).

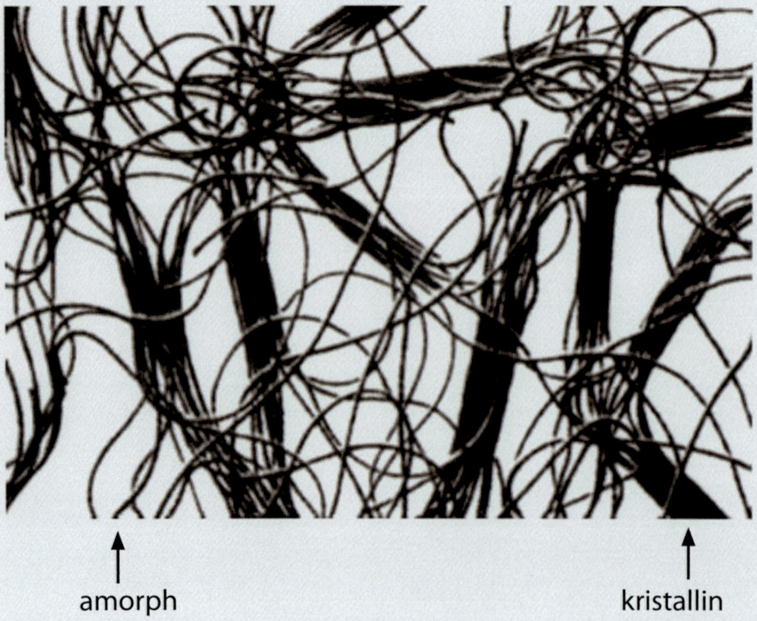

Notizen

LE 19 Thermoplastische Elastomere

_______________ (TPE) verbinden die positiven Eigenschaften von Thermoplasten und Elastomeren.

TPE sind:

- bei Raumtemperatur elastisch
- schmelzbar, wiederverwertbar und rezyklierbar.

Die Elastizität von TPE wird durch sogenannte physikalische Vernetzungsstellen erreicht. Die Polymerketten sind _________ wie bei Elastomeren chemisch miteinander vernetzt. Hierdurch sind TPE schmelzbar.

Notizen

LE 20 Elastomere

Charakteristisch für Elastomere (_________) ist eine weitmaschige, schwache Vernetzung der Makromoleküle durch chemische Bindungen.

Die Molekülbewegung wird dadurch gehindert, was dazu führt, dass Elastomere weder ___________ noch löslich sind

____
Raumnetzmolekül

Notizen

LE 21 Duroplaste

Bei Duroplasten weisen die Makromolekülketten engmaschige, starke Vernetzungsstellen auf.

Die Molekülbeweglichkeit ist dadurch sehr stark eingeschränkt. Duroplaste sind daher nicht schmelzbar, nicht quellbar und nicht löslich.

Raumnetzmolekül

Notizen

Grundlagen der Faserverbundkunststoffe (FVK)

LE 22 Faserverbundkunststoffe (FVK) und deren Anwendungsgebiete

Luft- und Raumfahrt

Automobilbau

Schienenfahrzeuge

Elektrotechnik

Boots- und Yachtbau

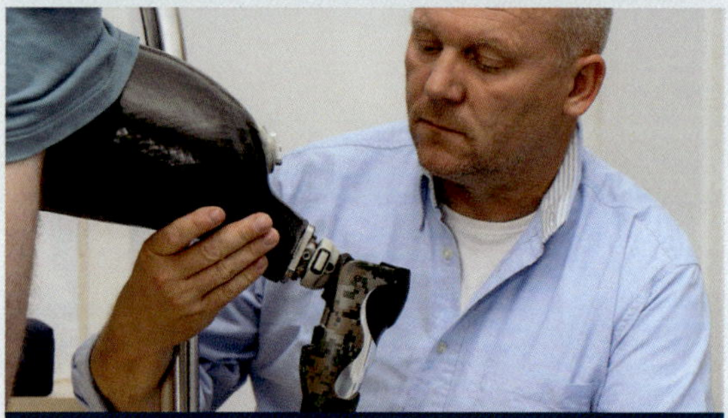

Medizintechnik

Freizeit/Sport

Windkraftanlagen

Notizen

LE 23 Vorteilhafte Eigenschaften von Faserverbundkunststoffen (FVK)

Faserverbundkunststoffe weisen u. a. folgende Vorteile auf:

- ______________________________
- Hohe chemische Beständigkeit
- Gute Temperaturbeständigkeit
- Hohe Zug- und Biegefestigkeit
- Designfreiheit bei der Formgestaltung

Notizen

LE 24 Marktübersicht von glasfaserverstärkten Kunststoffen (GFK)

Die GFK-Produktionsmenge betrug in Europa im Jahr 2020 nahezu 1 Mio. t. Weltweit lag die Produktionsmenge bei ca. 12 Mio. t.

Im nachfolgenden Diagramm ist die branchenspezifische, europaweite GFK-Produktionsmenge dargestellt.

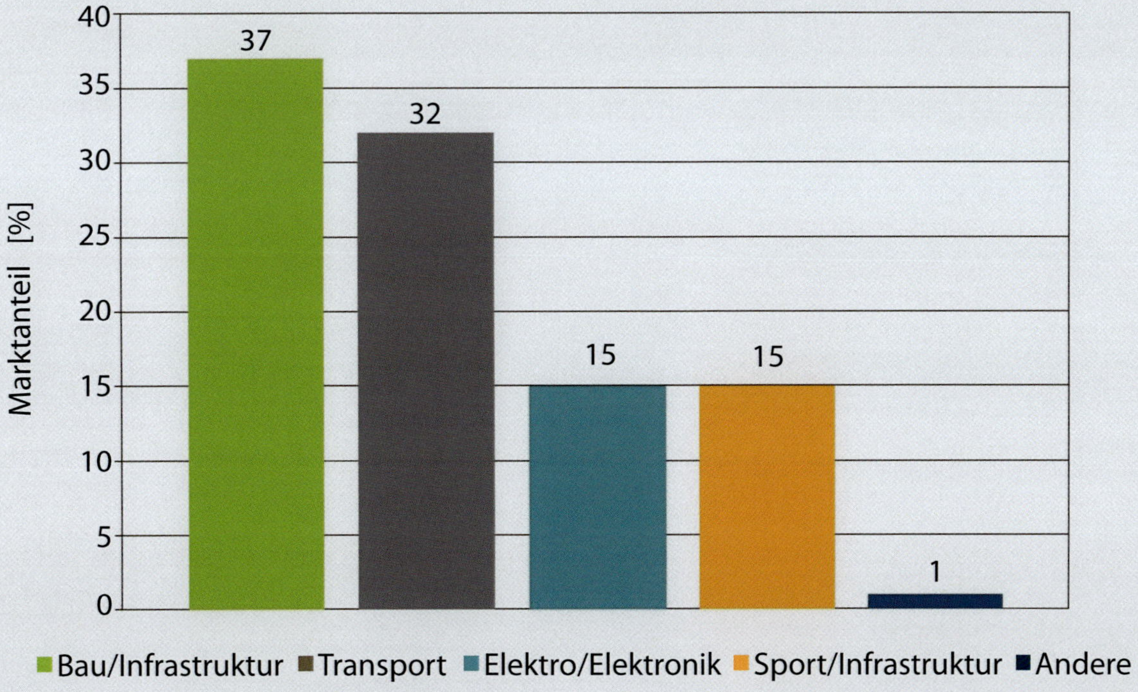

[Quelle: AVK Composite Marktbericht 2020]

LE 25 Marktübersicht von carbonfaserverstärkten Kunststoffen (CFK)

Weltweit wurden im Jahr 2020 fast 155 kt CFK verarbeitet, was im nachfolgenden Diagramm für verschiedene Branchen dargestellt ist.

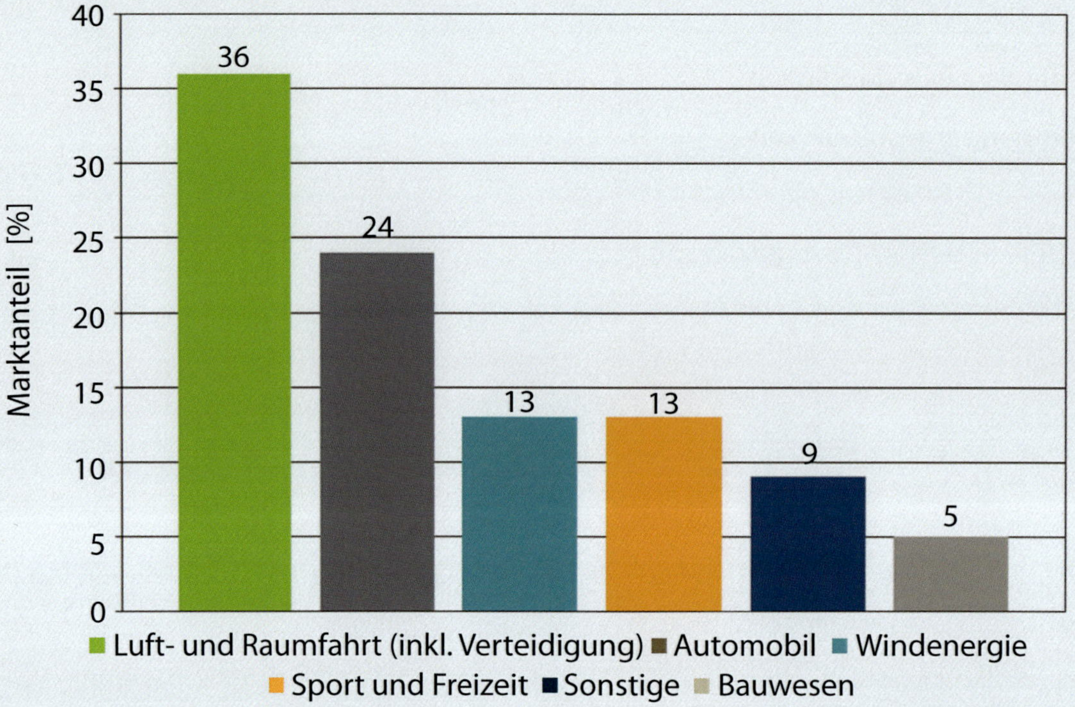

[Quelle: AVK Composite Marktbericht 2020]

LE 26 Vergleich von Bauteilgewicht und Bauteilkosten

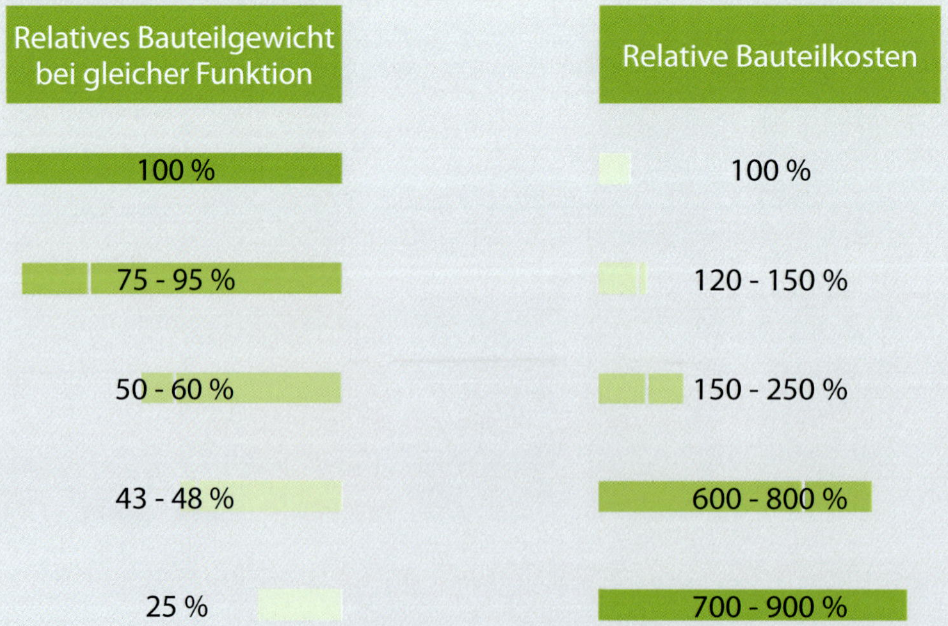

[Quelle: Desk-Recherche; Expertengespräche Audi Roland Berger]

LE 27 Faserverbundkunststoffe

Bei faserverstärkten Kunststoffen werden die Verstärkungsfasern in ____________________ oder __________________ Kunststoffe (Kunstharze) eingebettet.

Der Kunststoff, der die Fasern umgibt, vor Umwelteinflüssen schützt und mechanisch stützt, wird als ____________________ bezeichnet.

Als Verstärkungsfasern werden natürliche, mineralische oder synthetische Fasern eingesetzt.

Zu den Naturfasern zählen beispielsweise Flachs oder Hanf.

Mineralische Fasern bestehen beispielsweise aus Glas.

Als synthetische Fasern finden _________________, ______________ oder _____________________ Anwendung.

Notizen

Grundlagen der Faserverstärkung

LE 28 Aufbau von Faserverbundkunststoffen

Faserverbundkunststoffe bestehen aus zwei oder mehr Werkstoffen, deren Werkstoffeigenschaften miteinander kombiniert werden.

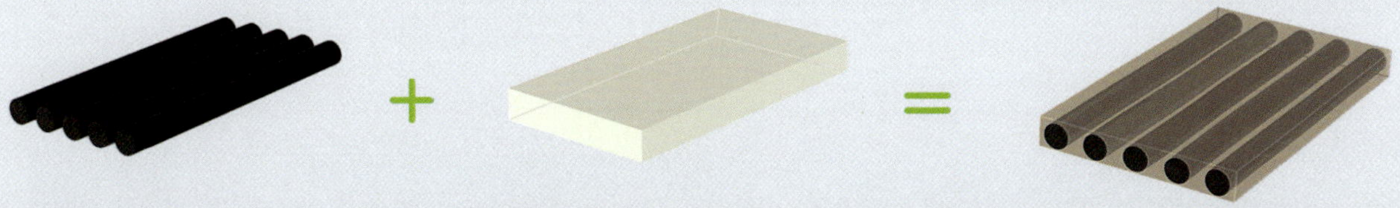

Fasern	Kunststoffmatrix	Faserverbundwerkstoff
▪ Aufnahme von Zug- bzw. Druckkräften ▪ Bestimmend für die Steifigkeit/Festigkeit	▪ Fixierung der Fasern in der gewünschten Geometrie ▪ Übertragung der Kräfte ▪ Stützung der Fasern bei Druckbelastung ▪ Schutz vor Umgebungsmedien	

LE 29 Schliffbild eines Faserverbundkunststoffs

LE 30 Beispiele für textile Halbzeuge

Textile Halbzeuge stehen in unterschiedlichen Lieferformen zur Verfügung. Die Auswahl sowie die Anordnung der Verstärkungsfasern beeinflussen maßgeblich das Eigenschaftsprofil des textilen Halbzeugs und somit auch des Faserverbundkunststoffs sowie die Gebrauchseigenschaften des Bauteils.

Flachsfasern

Textilglas-Rovinggewebe

Glasfaserendlosmatten

Kohlenstofffasergelege

Kohlenstoff-/Aramidfasermatte

Notizen

LE 31 Fasertypen

_____________ werden im Spinnprozess aus Glasschmelze zu dünnen Fasern (ca. 3,5 bis 24 µm) gezogen. Die Rohstoffzusammensetzung bestimmt die Fasereigenschaften. Die Dichte variiert je nach Zusammensetzung zwischen ca. 2,52 und 2,72 g/cm³.

___________________ (auch Carbonfasern genannt) haben sich insbesondere im Leichtbau bewährt. Sie bestehen zu 95 % aus Kohlenstoff. Die Dichte liegt bei ca. 1,80 g/cm³. Vorteilhafte Eigenschaften sind u. a. eine sehr hohe Korrosionsbeständigkeit sowie eine hohe Bruchdehnung und Steifigkeit.

_______________ werden aus aromatischen Polyamiden hergestellt. Die Dichte liegt bei ca. 1,45 g/cm³. Vorteile von Aramidfasern sind u. a. eine hohe Schlagfestigkeit sowie eine hohe Temperaturbeständigkeit.

______________ sind Naturfasern und haben eine Dichte von ca. 1,46 g/cm³. Ihre Festigkeit ist im Vergleich zu Glasfasern um bis zu 75 % geringer.

Notizen

LE 32 Elastizitätsmodul und Zugfestigkeit

Als Elastizitätsmodul (E-Modul) wird ein Materialkennwert beschrieben, der das Verhältnis von Spannung zu Dehnung bei einer Verformung unter Zugbelastung beschreibt (linearer Dehnungsbereich, reversible Verformung).

Die Zugfestigkeit ist ein weiterer Materialkennwert zur Charakterisierung des Festigkeitsverhaltens und repräsentiert die maximale Zugspannung, mit der eine Probe belastet werden kann.

Notizen

LE 33 Mechanische Eigenschaften von Verstärkungsfasern und Metallen im Vergleich

Im nachfolgenden Diagramm sind die Zugfestigkeit, der E-Modul und die Dichte verschiedener Fasertypen im Vergleich zu metallischen Werkstoffen dargestellt.

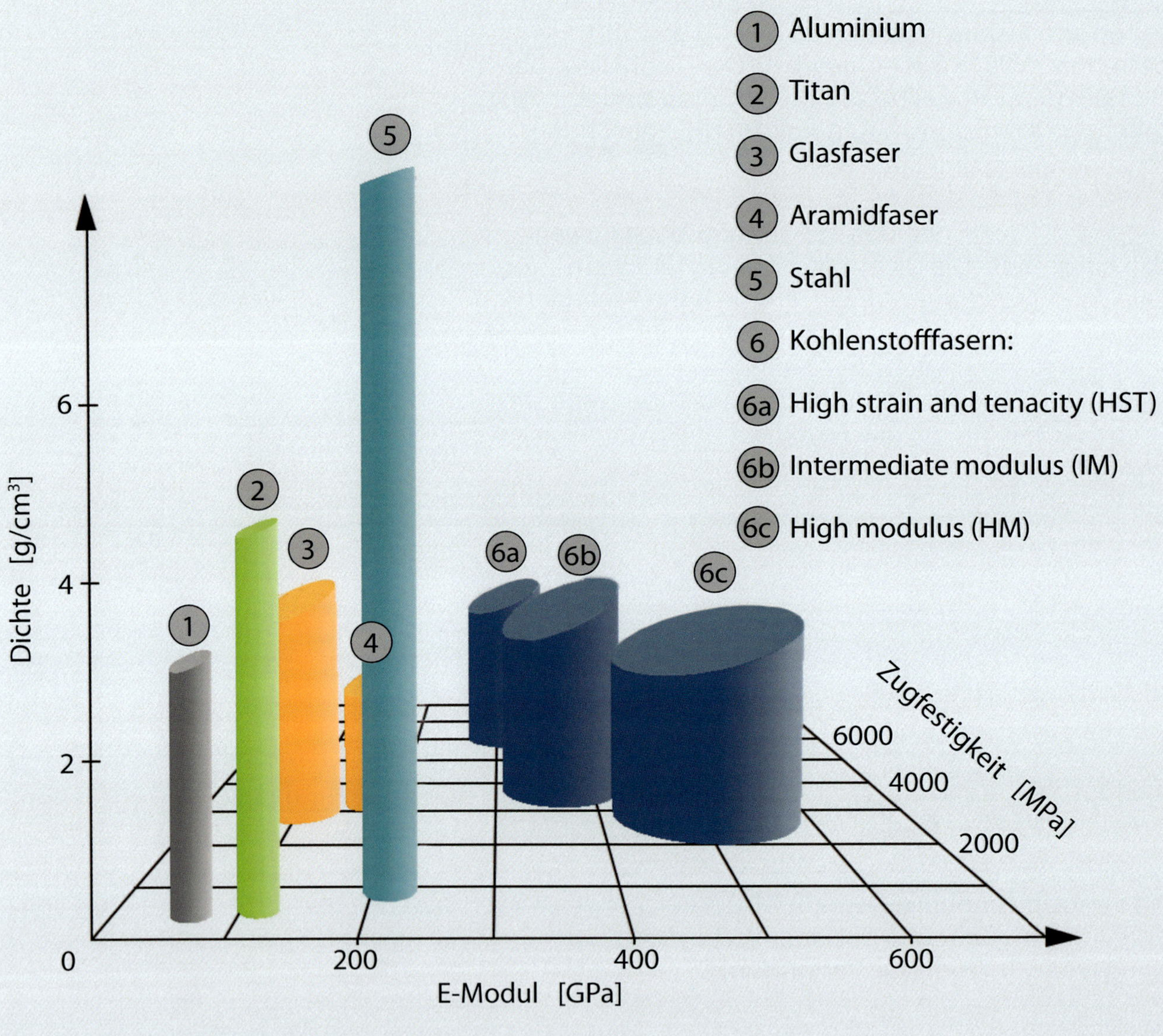

LE 34 Glasfaserherstellung

Textilglas wird aus Quarzmehl, Kalkstein, Colemanit und Kaolin hergestellt. Das fein gemahlene Gemenge wird bei ca. 1.350 °C aufgeschmolzen und bei einer Temperatur von etwa 1.150 °C den Spinndüsen mit einem Durchmesser von jeweils 1 bis 2 mm zugeführt.

Die Glasfasereigenschaften lassen sich durch Zugabe von chemischen Zuschlagstoffen verändern.

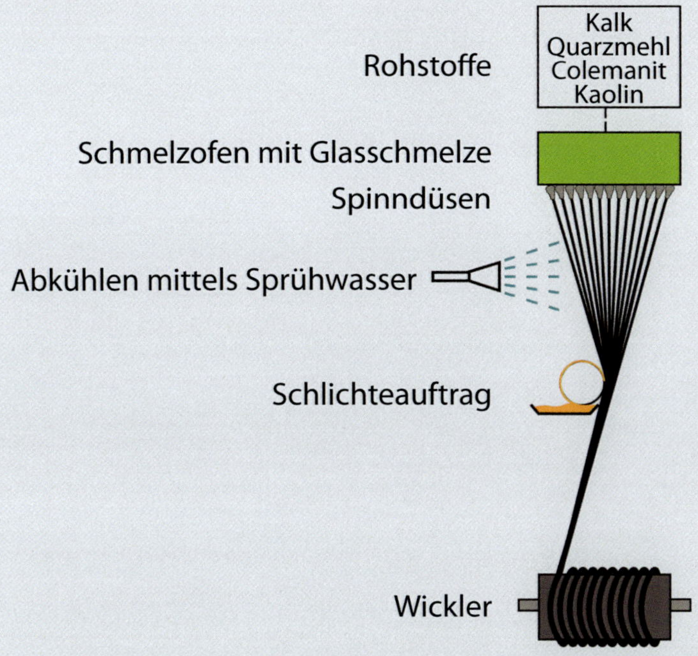

Notizen

Abschnitt	Anmerkungen
Abkühlen mittels Sprühwasser	▪ Abschrecken (unter 100 °C) ▪ Faserbildung / Erstarrung und Glasstruktur
Schlichteauftrag	▪ Wasser ▪ Haftvermittler ▪ Binder ▪ Additive
Wickler	▪ Hohe Geschwindigkeit (2.000 bis 4.000 m/min) ▪ Glasstruktur wird gestreckt, modifiziert und orientiert

LE 35 Eigenschaften verschiedener Glasfasertypen

Bezeichnung	Erläuterung
E-Glasfasern	Hohe Abrieb- und Vibrationsbeständigkeit, hoher elektrischer Widerstand
S- bzw. R-Glasfasern	Hohe Festigkeit und Temperaturbeständigkeit
D-Glasfasern	Geringer dielektrischer Verlustfaktor
AR-Glasfasern	Bis 300 °C temperaturbeständig, hohe Chemikalienbeständigkeit
ECR/C-Glasfasern	Hoher E-Modul (anisotrop)

Notizen

LE 36 Kohlenstofffaserherstellung

Die meisten der heutzutage verwendeten Kohlenstofffasern werden aus Polyacrylnitril (PAN)-Fasern hergestellt.

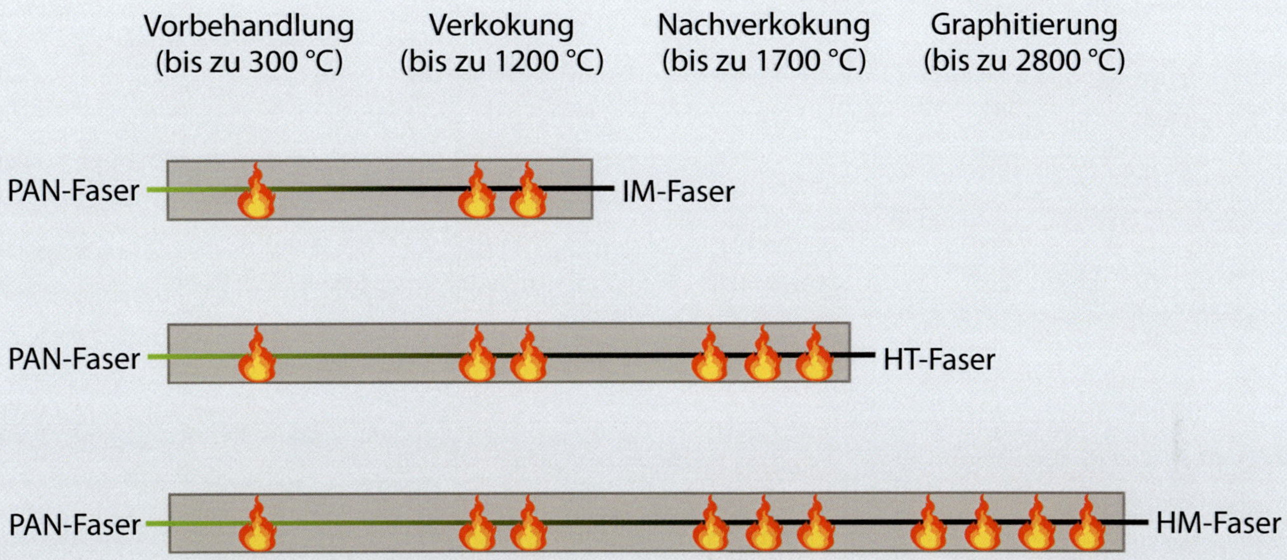

LE 37 Eigenschaften verschiedener Kohlenstofffasertypen

Abkürzung	Bezeichnung	Erläuterung
IM	Intermediate Modulus	Höhe Steifigkeit bei gleichzeitig erhöhter Zugfestigkeit
HT	High Tenacity	Exzellente und ausgewogene mechanische Laminateigenschaften
HM	High Modulus	Überlegene Steifigkeit für die Leistungsfähigkeit des Bauteils

Notizen

LE 38 Übersicht der relevanten textilen Halbzeuge

Halbzeugtyp	**Charakteristik**	**Schematische Darstellung**
Rovings	Faserbündel aus parallel angeordneten Spinnfäden	
Schnittmatten	Matten bestehend aus wirr angeordneten, geschnittenen Spinnfäden	
Endlosmatten	Über die Mattenbreite durchgehende Spinnfäden (auch als Endlosfäden bezeichnet)	
Vliese	Textiles Halbzeug aus Glas- oder Thermoplastfasern (meist Oberflächenvliese)	
Gelege	Textiles Halbzeug mit mehreren Lagen gestreckter Fasern (ohne Ondulierungen)	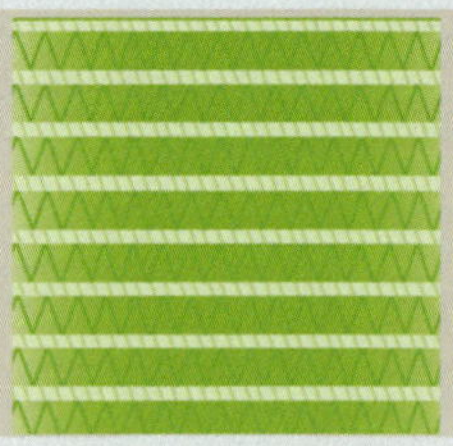
Gewebe	Textiles Halbzeug aus sich rechtwinklig kreuzenden Kett- und Schußfäden (Ondulation: Faserumlenkung im Gewebe)	

Notizen

LE 39 Schematische Darstellung der Festigkeit in Abhängigkeit der Faserverstärkung aserrovings

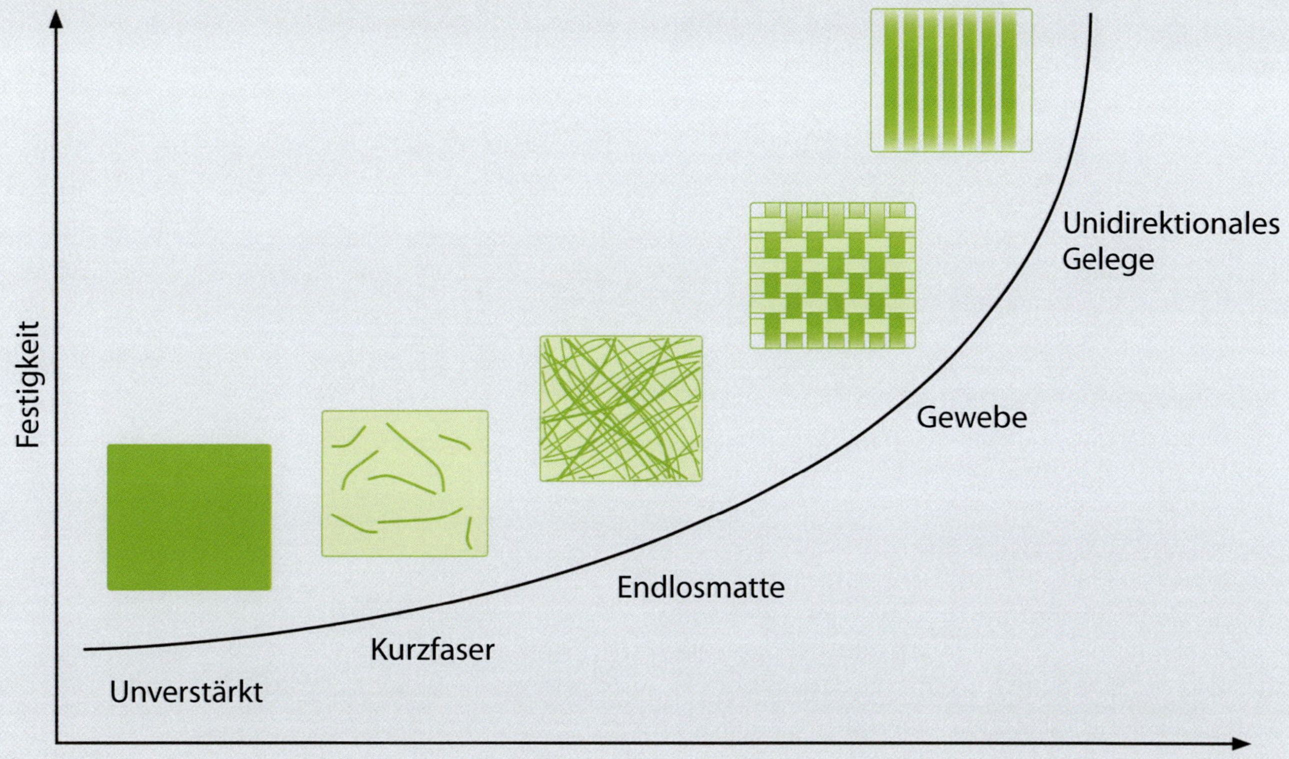

Notizen

LE 40 Glasfaserrovings

Glasfaserrovings sind viele einzelne Spinnfäden, die zu einem Faserbündel zusammengefasst sind, ohne miteinander verdreht zu sein.
__________-stränge bestehen aus 30 bis 60 Einzelfäden. Sie dienen als Ausgangsmaterial für die Herstellung von Glasfasermatten und Rovinggeweben.

Notizen

Beispielsweise existieren Rovings, die aus 204 Fäden mit einem Durchmesser von je 10 µm bestehen und ein Faserbündel von 40 bis 50 tex (entspricht 40 bis 50 g / 1.000 m) bilden.

_______ ist das Fasergewicht in [g] pro 1.000 m Fadenlänge.

Notizen

LE 41 Textilglasmatten

Textilglasmatten werden aus Spinnfäden hergestellt und in Schnittmatten sowie Endlosmatten unterteilt.

Schnittmatten werden aus geschnittenen Spinnfäden von 25 bis 50 mm Fadenlänge hergestellt. Nach dem Schlichteauftrag werden die Fäden mit einem _________ besprüht und nach dem Trocknen in einem Ofen fixiert, sodass filzartige Matten entstehen. Anschließend folgt die Aufwicklung zu einer Rolle.

Schnittmatten werden vorzugsweise beim __________________ eingesetzt.

Endlosmatten bestehen aus endlosen Fäden, die ohne Vorzugsrichtung regellos in mehreren Lagen abgelegt werden. Die Fixierung erfolgt ebenfalls durch Zugabe eines Binders. Endlosmatten werden häufig zur Herstellung von Profilen eingesetzt.

Notizen

LE 42 Textilglasmattenbezeichnung

Beispiel: M 113 - 10 - 450 - 125

Kennzeichnung	Bedeutung
M	Matte
1	Bindertyp (fester Binder) und Bindungsgrad (leicht löslich in Polyesterharz)
1	Schnittlänge des Fadens [mm] (1 mm)
3	Kunststoffschlichte (z. B. für Polyester- und Epoxidharz geeignet)
10	Fadengewicht [tex] (10 tex bzw. 10 g/1.000 m)
450	Flächengewicht der Matte [g/m²] (450 g/m²)
125	Breite der Matte [cm] (125 cm)

Notizen

LE 43 Flächengewicht von Textilglasmatten

Das ________________ gibt Aufschluss über die Dicke einer Textilglasmatte.

Flächengewicht [g/cm²]	Erläuterung
150	Sehr leichte Spezialmatte
225	Matte für dünne Laminate und für die erste Lage nach der Feinschicht
300	Matte für die erste Lage nach der Feinschicht und für leichte Bauteile
450	Standardmatte
600	Matte zur Herstellung dickwandiger Bauteile

Notizen

LE 44 Oberflächenvlies

Vliese sind eine Sonderform der Matten und können aus Glas- oder Thermoplastfasern bestehen.

Oberflächenvliese werden beispielsweise zur Verbesserung der ____________________ von FVK-Bauteilen eingesetzt.

Je nach Fertigungsverfahren sind Oberflächenvliese mit styrollöslichen oder styrolunlöslichen Bindersystemen versehen.

Das Flächengewicht beträgt bei Textilglasvlies 14 bis 100 g/m^2 und bei Synthesefaservlies 20 bis 60 g/m^2.

Notizen

LE 45 Aufgaben eines Oberflächenvlieses

- Harzreiche Oberflächen (Feinschichten) erhalten eine höhere Schlagfestigkeit.
- Die Faserstruktur der Verstärkung zeichnet sich nicht durch. Die Oberfläche wird glatt.
- Die Wasser-/Chemikalienbeständigkeit wird erhöht.

Notizen

LE 46 Aufgaben eines Kernvlieses

Kernvliese dienen beispielsweise zur Erhöhung der Steifigkeit von FVK-Bauteilen, wobei sich gleichzeitig eine Gewichtsreduzierung ergibt.

Notizen

LE 47 Gelege

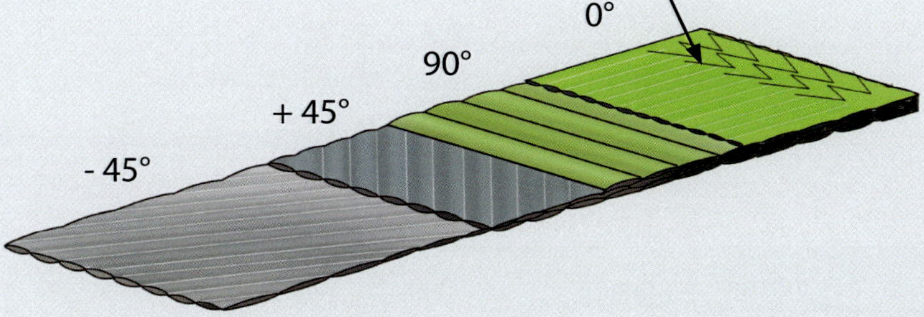

Mehrere Lagen aus jeweils parallel verlaufenden, gestreckten Fäden bilden ein Gelege. Die einzelnen Faserlagen werden mit einem dünnen Faden fixiert. In Produktionsrichtung wird die Fadenorientierung als 0°-Lage bezeichnet. In weiteren Lagen werden die Fasern 90° (biaxial) bzw. zusätzlich auch beispielsweise + 45°/- 45° zur Produktionsrichtung orientiert (multiaxial).

Notizen

LE 48 Gelegetypen

Unidirektionale UD-Gelege

Bidirektionale Gelege

Multidirektionale Gelege

Notizen

LE 49 Herstellung von Gelegen

Gelege werden aus mehreren Rovings zu Faserlagen drapiert. Hierbei können die einzelnen Lagen unterschiedliche Faserrichtungen aufweisen. Die einzelnen Lagen werden mittels eines Vielnadelsystems mit dünnen Fäden vernäht, um ein Verrutschen der Lagen zu verhindern.

Notizen

LE 50 Flächengewicht von Gelegen

Das Flächengewicht der Gelege ergibt sich aus der Anzahl der Fasern und aus der Anzahl der einzelnen Lagen.

Die Anzahl der einzelnen Lagen kann je nach Gelegetyp stark variieren. Multiaxialgelege können beispielsweise aus vier und mehr Lagen bestehen.

Gelege sind mit einem Flächengewicht von bis zu 4.000 g/m^2 lieferbar.

Notizen

LE 51 Gewebe

Beim Weben werden zwei Fadensysteme rechtwinklig miteinander verwebt.

Horizontal verlaufen die sogenannten Schussfäden und vertikal die Kettfäden. Durch die ________________ von Schuss- und Kettfäden entsteht das textile Halbzeug.

Notizen

LE 52 Gewebebindungsarten

Leinwandbindung:
Die Schussfäden verlaufen abwechselnd über und unter den Kettfäden.

Panamabindung:
Zwei oder mehr Schussfäden laufen über und unter den Kettfäden.

Atlasbindung (1/4):
Von den Schussfäden werden ein Kettfaden über- und vier Kettfäden unterlaufen.

Körperbindung (2/2):
Abwechselnd werden zwei aufeinanderfolgende Kettfäden von den Schussfäden über- bzw. unterlaufen.

Notizen

LE 53 Flächengewicht von Geweben

Rovinggewebe weisen ein Flächengewicht von 400 bis 1.150 g/m² auf.

Textilglasgewebe sind bis zu einem Flächengewicht von 500 g/m² lieferbar.

Kohlenstoff-, Kohlenstoff-/Aramid- und Kohlenstoff-/Glasfasergewebe sind bis zu einem Flächengewicht von 100 bis 300 g/m² lieferbar.

Notizen

LE 54 Gewebeherstellung

Zur Gewebeherstellung wird eine sogenannte Schlichte auf die Fasern aufgetragen. Diese schützt die Fasern vor Aufspleißen und Durchscheuern beim Webvorgang.

Ein Haftvermittlerauftrag verbessert die Adhäsion zwischen den Fasern und der Kunststoffmatrix bei der Weiterverarbeitung zu Bauteilen.

Notizen

Thermoplastische faserverstärkte Kunststoffe (TP-FVK)

LE 55 Thermoplastische faserverstärkte Kunststoffe (TP-FVK)

Bei den TP-FVK wird als Matrixmaterial ein ______________________________ verwendet. Zur Verstärkung kommen textile Halbzeuge wie Matten, Gelege und Gewebe zum Einsatz. Die Verstärkungsfasern werden in der Matrix beispielsweise zu einem Halbzeug (sogenannte Organobleche) konsolidiert.

Vorteilhaft ist, dass Organobleche aufgrund der thermoplastischen Matrix ähnlich wie metallische Bleche umgeformt und zudem auch stoffschlüssig gefügt werden können.

Ein klassisches Anwendungsbeispiel im Handwerk sind Wabenplatten.

Notizen

LE 56 Übersicht der Thermoplaste

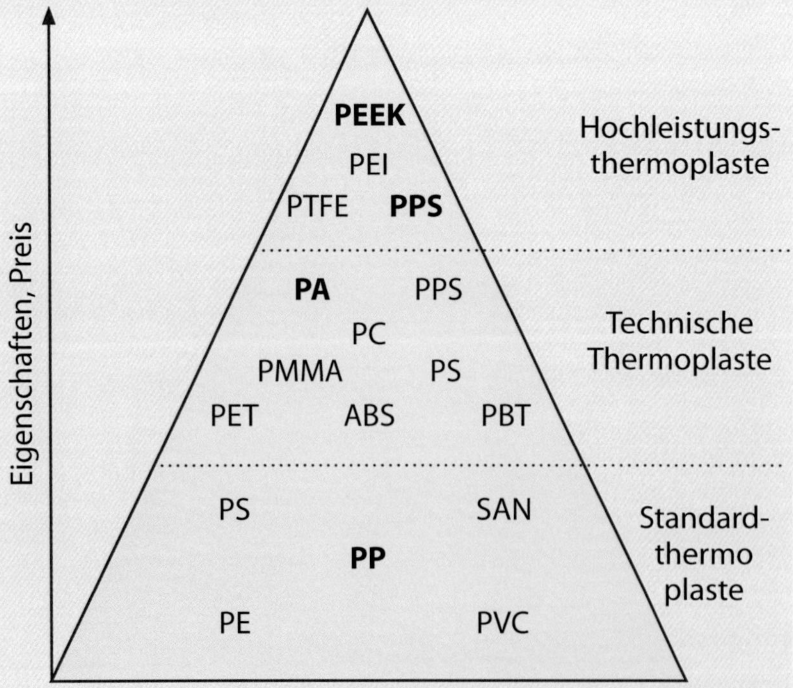

Notizen

LE 57 Halbzeugtypen aus TP-FVK

TP-FVK Halbzeuge

- **Langfaser**
  - Langfaserverstärkte Thermoplaste (LFT)
  - Glasmattenverstärkte Thermoplaste (GMT)
- **Endlosfaser**
  - Nicht imprägniert
    - Hybridgarn
  - Imprägniert
    - Tape
    - Organoblech (OB)

Notizen

LE 58 Vor- und Nachteile von TP-FVK

Vorteile	Nachteile
Rezyklierbarkeit	Hohe Verarbeitungstemperaturen
Schweißbarkeit	Erschwerte Imprägnierung der Verstärkungsfasern
Hohe Schlagzähigkeit	Zusätzlicher Prozessschritt zur Herstellung von Halbzeugen (Prepregs, Organobleche, Tapes)
Unbegrenzte Lagerfähigkeit der Halbzeuge bei Umgebungsbedingungen	Begrenzte Bauteilkomplexität bei endlosfaserverstärkten Werkstoffen
Großserientaugliche Verarbeitungsverfahren (Zykluszeiten < 2 min)	Begrenzte Bauteilgröße
Geringe Emission gefährlicher Stoffe bei der Verarbeitung (niedrige Arbeitsplatzgrenzwerte (AGW))	

Notizen

LE 59 Übersicht der Verfahren zur TP-FVK-Bauteilherstellung

LFT/GMT

- Spritzgießen (LFT)
- Pressverfahren
- Hybride Verfahren

Hybridgarne

- Faserspritzen
- Variotherme Verarbeitung

Tapes bzw. Organobleche

- Tapelegen
- Tapewickeln
- Umformen

Notizen

LE 60 Reparaturmöglichkeiten

Bei der Reparatur von TP-FVK kommen im Gegensatz zu duroplastischen FVK andere Reparaturverfahren Einsatz:

Das Handlaminieren ist _______________. Jedoch sind Bauteile aus TP-FVK gut schweißbar. Die Schweißparameter gemäß des DVS-Regelwerks finden bei der Reparatur Anwendung.

Das Kleben ist mit geeigneten Klebsystemen ebenfalls möglich.

Notizen

Harzsysteme und Hilfsstoffe

LE 61 Übersicht und Eigenschaften der Harzyteme

	UP-Harz Ungesättigtes Polyesterharz	**VE-Harz** Vinylesterharz	**EP-Harz** Epoxidharz
	Vernetzung durch Copolymerisation	**Vernetzung durch Copolymerisation**	**Vernetzung durch Polyaddition**
Eigenschaften	▪ Geringe Schwindung ▪ Gute elektrische Isoliereigenschaften ▪ Geringe Dichte	▪ Temperaturbeständig bis ca. 125 °C ▪ Flexibler als UP-Harze ▪ Hohe chemische Beständigkeit	▪ Geringe Schwindung ▪ Geringe Feuchtigkeitsaufnahme ▪ Schwer entflammbar
Anwendungsbeispiele	▪ Automobilbau ▪ Bootsbau ▪ Behälterbau ▪ Flugzeugbau	▪ Automobilbau ▪ Bootsbau ▪ Behälterbau ▪ Rohrleitungsbau	▪ Klebsysteme ▪ Werkzeugbau ▪ Elektrotechnik ▪ Sportgeräteindustrie
Verarbeitung	▪ Handlaminierverfahren ▪ Pressverfahren ▪ Faserwickeln ▪ Gießen	▪ Handverfahren ▪ Faserspritzen ▪ Faserwickeln ▪ Resin Transfer Moulding (RTM)	▪ Handverfahren ▪ Kleben ▪ Gießen

Notizen

LE 62 Reaktionsharze als Matrixwerkstoff

Duroplastische Harze liegen bei Raumtemperatur in der Regel flüssig vor und fließen honigartig. Die Imprägnierung (Durchtränkung) des jeweiligen textilen Halbzeugs sollte vollständig erfolgen, wobei auch Lufteinschlüsse in der Formmasse entfernt werden müssen.

Harze bestehen aus folgenden Komponenten:

1. Grundharz
2. Styrol (Reaktivverdünner bei UP- und VE-Harzen)
3. Beschleuniger

Notizen

LE 63 Vernetzungsvorgang

Der Vorgang der Vernetzung wird oftmals auch als Härtung bezeichnet.

Infolge des Vernetzungsvorgangs (____________) erfolgt keine Abspaltung von flüchtigen Stoffen. Jedoch tritt eine Volumenschwindung ein, die abhängig vom Harztyp ist.

Je nach Harztyp erfolgt die Vernetzung mittels Polyaddition bzw. ____________________. Die chemische Reaktion wird durch Zugabe von _________ und ____________________ (Kalthärtung) ausgelöst.

Weitere Möglichkeiten sind:

- Härter in Kombination mit Erwärmung (Warmhärtung)
- Bestrahlung mit langwelligem UV-Licht (Strahlungshärtung)

Notizen

LE 64 Harzeigenschaften

Die Eigenschaften des ausgehärteten Harzes sind durch Art und Menge der Komponenten (im Grundharz: Inhibitoren oder Additive) _____________.

Notizen

LE 65 Prinzip der Vernetzungsreaktion

Im nachfolgenden Bild ist das Prinzip einer Vernetzungsreaktion dargestellt.

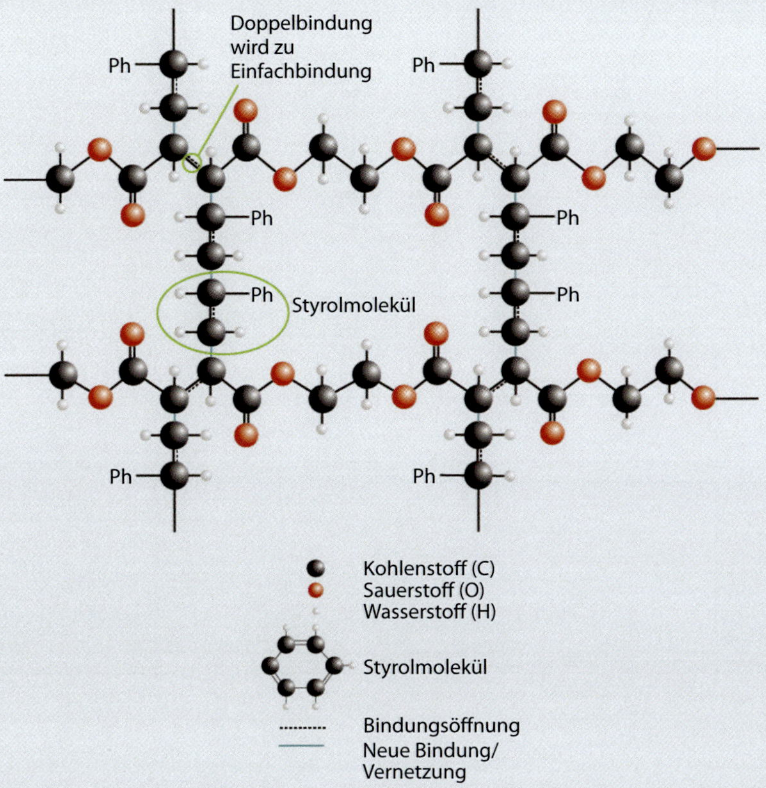

Notizen

LE 66 Kalthärtung der Harze

Der Start der chemischen Reaktion erfolgt durch den Beschleunigerzerfall bei Raumtemperatur.

Harz + Härter + Beschleuniger = Vernetztes Produkt

Notizen

LE 67 Temperaturverlauf bei der Kaltverhärtung

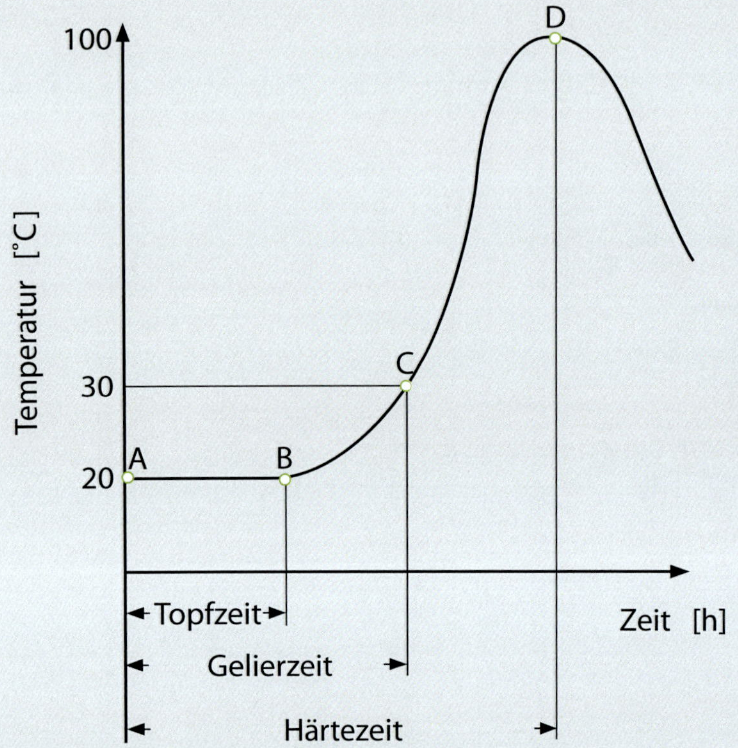

Notizen

LE 68 Temperatureinfluss auf die Gelierzeit

Einfluss der ______________ bei der Kalthärtung auf die Gelierzeit:

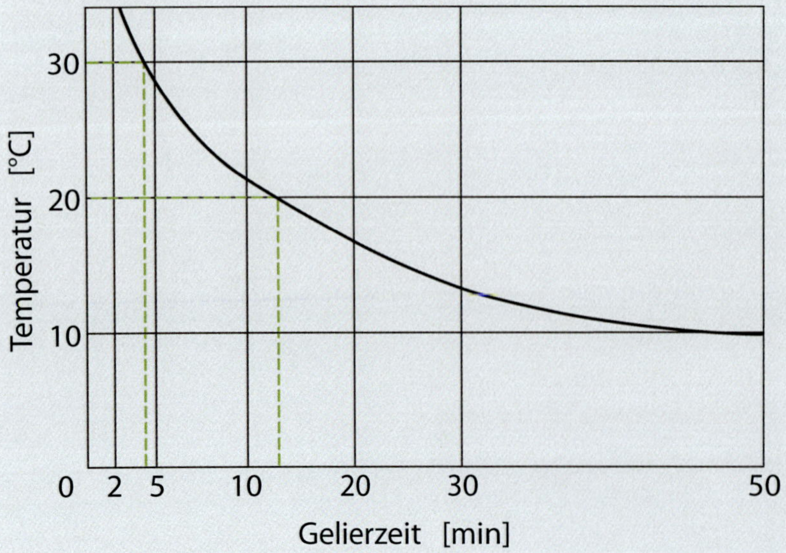

Notizen

LE 69 Anwendungsbeispiel

Am Beispiel eines mittelreaktiven Harzes mit 2 Gew.-% Aminbeschleuniger sind die Gelierzeiten in Abhängigkeit des Beschleunigers bei einer Kalthärtungstemperatur von 20 °C aufgelistet.

Beschleuniger	Bezeichnung	Gelierzeit [min]
Diethylanilin	DEA	45
Dimethylanilin	DMA	9
Dimethylparatoluidin	DMPT	2

Notizen

LE 70 Warmhärtung der Harze

Die chemische Vernetzungsreaktion wird durch die Zufuhr von Wärme initiiert.

Harz + Härter + ________ = Vernetztes Produkt

Notizen

LE 71 Härtungstemperatur

Die Härtungstemperatur sollte bei der Warmhärtung mindestens 20 bis 30 °C ____________ der „Anspring-temperatur" des organischen Peroxids liegen.

Notizen

LE 72 Tabellen

Härter	Bezeichnung	Anspringtemperatur [°C]
Methylisobutylketonperoxid	MKP	60
Benzoylperoxid	BPO	70
Methylethylketonperoxid	MEKP	80
Cyclohexanonperoxid	CHP	100
Cumolhydroperoxid	CuHP	70
Tertiäres Butylperoxybenzoat	TBPB	85

LE 73 Strahlungshärtung

Auslösung durch Beschleunigerzerfall (UV-Licht)

Harz + Härter + UV-Licht = Vernetztes Produkt

Notizen

LE 74 Nachhärtung

Die Kalthärtung mit Peroxid und Beschleuniger ist beim Erstarren noch unvollständig.

Bei GFK-(UP)-Formteilen, von denen Alterungs-, Chemikalien- oder Witterungsbeständigkeit gefordert werden oder die lebensmittelrechtlichen Anforderungen genügen sollen, ist eine ________________ durch Tempern notwendig.

Notizen

LE 75 Nachhärtungsdauer

Die Nachhärtung sollte unmittelbar _________ dem Gelieren erfolgen.

Die Nachhärtungsdauer hängt vom Harztyp bzw. Härtungssystem ab.

Beispielsweise beträgt die Nachhärtungsdauer bei Formteilen aus UP-Harz 4 bis 10 h (bei 60 bis 100 °C) und bei Formteilen aus VE-Harz 24 h (bei 60 °C) oder 48 h (bei 50 °C).

Notizen

LE 76 Volumenschwindung

Die Volumenschwindung ist vor der Bauteilherstellung konstruktiv zu berücksichtigen.

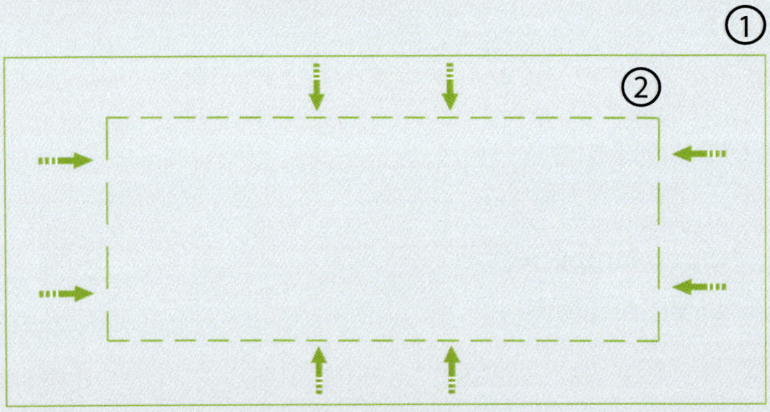

Reaktionsharz: ① unausgehärtet

② ausgehärtet

Notizen

LE 77 UP-Harze

Im Folgenden werden UP-Harze näher betrachtet, die mengenmäßig am häufigsten eingesetzt werden, insbesondere auch in der handwerklichen FVK-Verarbeitung.

UP-Harze zeichnen sich durch eine niedrige Viskosität aus, was eine gute Faserbenetzung ermöglicht.

Die Härtung von UP-Harzen erfolgt mittels Kalt-, Warm- oder Strahlungshärtung und die Härtungsgeschwindigkeit ist flexibel einstellbar.

Notizen

LE 78 Eigenschaften von UP-Harzen

Je nach Hinzugabe von Additiven, Füllstoffen und Hilfsmitteln lassen sich die Eigenschaften des Endproduktes einstellen:

- ______________________
- Hohe Chemikalienbeständigkeit (möglichst vollständige Vernetzung)
- Gute Witterungsbeständigkeit
- Hohe Temperaturbeständigkeit
- Spannungsfreie Laminate
- Geringe Neigung zur Rissbildung

Notizen

LE 79 Härtung von UP-Harzen

Die Härtung von ungesättigten Polyesterharzen (UP-Harze) erfolgt mittels Vinylmonomeren (zumeist Styrol) anhand der radikalischen Copolymerisation, wobei die ____________________ der Harzmoleküle sowie der Styrolmoleküle aufgespalten werden und zu neuen, beide Komponenten verbindenden Einfachbindungen weiterreagieren. Als Radikalstarter werden häufig Peroxide verwendet.

Nicht nur das Harz, sondern auch der Härter dienen zum Einstellen der physikalischen Eigenschaften des gehärteten Harzsystems.

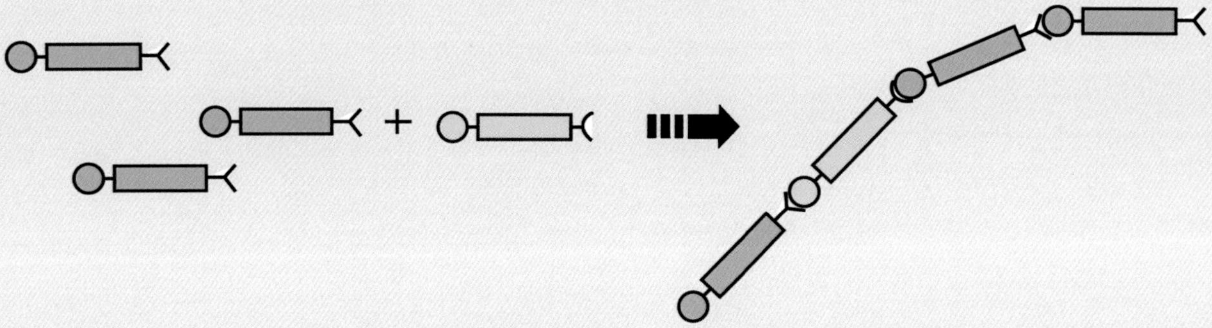

Monomere Härter Polymer

Notizen

LE 80 Volumenschwindung von UP-Harzen in Abhängigkeit des Styrolgehaltes

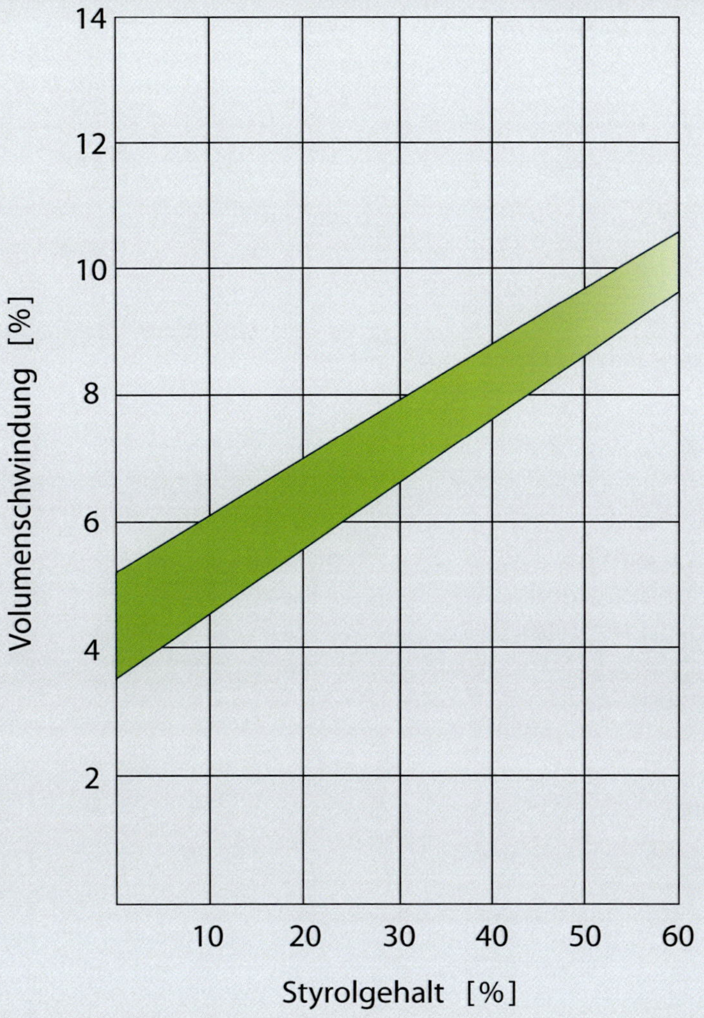

Notizen

LE 81 Weitere Harztypen

Weitere relevante Harztypen für Handlaminierverfahren sind Vinylesterharze (VE) und Epoxidharze (EP).

LE 82 Vinylester-Harze (VE)

Die Verarbeitung von Vinylesterharzen weist große Gemeinsamkeiten mit der Verarbeitung von UP-Harzen auf.

Beide Harztypen unterscheiden sich jedoch in ihrem ______________________.

Notizen

LE 83 Herstellung von VE-Harzen

Die Herstellung von VE-Harzen basiert auf einem Epoxidharz, welches in einer Esterreaktion mit Acryl- oder Methacrylsäure ungesättigte Endgruppen bildet.

Das VE-Harz ist häufig in _________ gelöst.

Notizen

LE 84 Eigenschaften von VE-Harzen

Gegenüber den meisten UP-Harzen zeichnen sich VE-Harze durch eine wesentlich höhere Chemikalienbeständigkeit und eine höhere Temperaturbeständigkeit aus.

Die Volumenschwindung liegt bei 3 bis 4 %.

Notizen

LE 85 Vernetzung von VE-Harzen

Die chemische Vernetzungsreaktion der VE-Harze ist vergleichbar zu den Härtungsmechanismen von UP-Harzen.

Hinweis zur Kalthärtung:

Bisphenol A-Vinylester sollten auf keinen Fall unter __________ verarbeitet werden.

Hinweis zur Warmhärtung:

Bei Temperaturen oberhalb von _________ muss das Härtungssystem sorgfältig angepasst werden. Alle VE-Harze zeigen nach der Zugabe von Ketonperoxiden (Wasserstoffperoxid enthalten) ein kurzes ________________.

Notizen

LE 86 Epoxidharze (EP)

Epoxidharze sind flüssige oder feste Kunstharze mit _____________ Epoxid-Endgruppen.

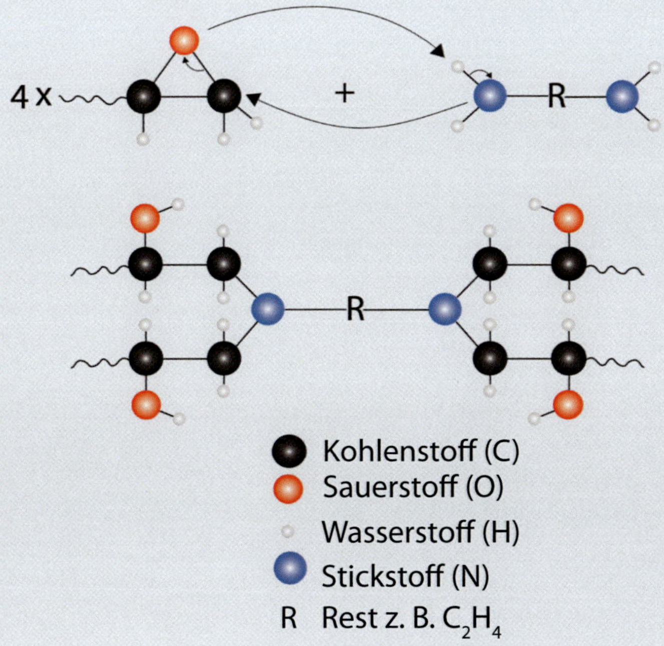

Notizen

Die Epoxidgruppen sind die für die Vernetzungsreaktion maßgebenden Molekülstellen, da diese mit den reaktiven Gruppen des __________ eine chemische Verbindung eingehen (Polyaddition).

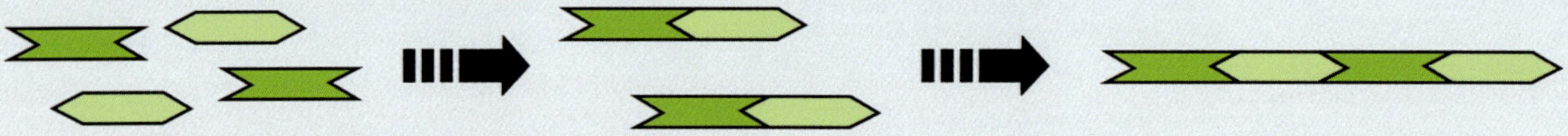

Monomere Kettensegmente Makromoleküle

LE 87 Vernetzung von EP-Harzen

Auch bei den EP-Harzen sind je nach Härtertyp die Kalt- oder Warmhärtung möglich.

Als Härter werden beispielsweise Polyamine (für die Kalthärtung) und Polycarbonsäureanhydride (Warmhärtung > 80 °C) eingesetzt.

Die Reaktionszeiten sind meist länger als bei den UP- bzw. VE-Harzen.

Notizen

LE 88 Mischverhältnisse bei Harzen

Für eine vollständige Reaktion müssen die Reaktionspartner im stöchiometrischen Mischungsverhältnis vorliegen.

Auswirkungen von Fehlmischungen:

- Harzüberschuss: Material bleibt weich.
- Härterüberschuss: Material wird spröde, oft klebrige Oberflächen.
- Beeinflussung von Reaktionszeit und -temperatur

Notizen

LE 89 EP- und UP-Harze im Vergleich

- ____
- ____
- Aminröte an der Oberfläche
- Qualitativ hochwertiger (aber auch teurer): Häufig Verwendung als Matrixmaterial für hochwertige Kohlenstoff- oder Aramidfasern
- Höhere Viskosität und langsamere Vernetzungsreaktion, daher geringere Flexibilität in der Verarbeitung
- ____
- Keine Freisetzung geruchsintensiver Monomere
- Erweichung ab ca. 65 °C bei nicht getemperten Harzen

Notizen

Reaktionsmittel, Additive und Hilfsmittel

LE 90 Auswahl von Härter und Beschleuniger

Zwei gebräuchliche Kalthärtungssysteme:

- System A: Ketonperoxid + Kobaltbeschleuniger
- System B: Benzoylperoxid + Aminbeschleuniger

Die Wahl des optimalen Kalthärtungssystems ist von den Verarbeitungsbedingungen und von den Bauteilanforderungen abhängig

Notizen

LE 91 Härter System A (Ketonperoxide)

Cyclohexanonperoxid: ________

Methylethylketonperoxid: __________

Acetylacetonperoxid: ________

Notizen

LE 92 Lieferform und Eigenschaften System A (Ketonperoxide)

	Lieferform	Peroxidgehalt [Gew.-%]	Härtungs-geschwindigkeit
CHP	Paste oder Flüssigkeit	50	langsam
MEKP	Flüssigkeit	50	mittel
AAP	Flüssigkeit	50	schnell

Notizen

LE 93 Härter System B

Häufig wird Benzoylperoxid (________) als Paste mit einem Peroxidgehalt von 50 Gew.-% eingesetzt.

Notizen

LE 94 Beschleuniger System B

Diethylanilin: ________

Dimethylanilin: ________

Dimethylparatoluidin: ________

Notizen

LE 95 Lieferform und Eigenschaften unterschiedlicher Beschleuniger System B

	Lieferform	Amingehalt [Gew.-%]	Härtungs-geschwindigkeit
DEA	Flüssigkeit	10	langsam
DMA	Flüssigkeit	10	mittel
DMPT	Flüssigkeit	10	schnell

Notizen

LE 96 Vergleich der Kalthärtungssysteme A und B

		System A	System B
Gebräuchliche Zugabemengen	Härter [Gew.-%]	1 - 3	2 - 4
	Beschleuniger [Gew.-%]	0,2 - 2	1 - 2
Keine Gefahr der Unterhärtung, wenn die Mindestzugabemenge verwendet wird	Härter [Gew.-%]	1	2
	Beschleuniger [Gew.-%]	< 1	1
Niedrigste Verarbeitungstemperatur [°C]		15	5 - 10
Haltbarkeit des Peroxids im Harzansatz		Stunden bis Tage	Tage bis Wochen
Härtungsverzögerung durch Feuchtigkeit		lang	kurz
Einfluss der Füllstoffe auf Härtungsverlauf		groß	gering
Härtungsverlauf		langsame, gleichmäßige Reaktion (fast bis zum Reaktionsende)	hohe Reaktionsgeschwindigkeit, frühzeitig abbrechend
Durchhärtung (ohne Temperung)		gut	schlecht
Verhältnis von Verarbeitungszeit zu Entformzeit		schlecht	gut
Klebrigkeit der Oberflächen durch Luftsauerstoff		gering	hoch

LE 97 Mischungsverhältnis

Das Mischungsverhältnis zwischen Harz und Härter muss __________ aufeinander abgestimmt sein.

Der Mischvorgang muss sorgfältig gemäß der Herstellerangaben erfolgen, da sonst die Aushärtung nicht wie vorgesehen ablaufen kann.

Notizen

LE 98 Mischfolge

Die Mischfolge ist unbedingt zu beachten:

- Zuerst Beschleuniger mit dem Harz verrühren.
- Beschleuniger und Harz niemals miteinander vermischen (Brand-, Verpuffungs- und Explosionsgefahr)!

Notizen

LE 99 Additive und Hilfsmittel

- Inhibitoren
- Initiatoren
- Tixotropiermittel
- LSE-Additive
- Benetzer und Viskositätsreduzierer
- Entlüfter
- Lichtstabilisatoren (UV-Absorber)
- Pigmente

Notizen

LE 100 Inhibitoren

Einige Harzmischungen enthalten Inhibitoren. Hierbei handelt es sich um Stoffe, die zur Unterdrückung bzw. Verzögerung der Vernetzungsreaktion dienen.

Mithilfe von Inhibitoren lässt sich daher eine vorzeitige Aushärtung der Harze verzögern und zugleich auch die Lagerstabilität erhöhen.

Notizen

LE 101 Initiatoren

Initiatoren (z. B. Peroxide) dienen dazu, die Copolymerisation von Polyester und Monomer zu starten.

Initiatoren sind Moleküle, die unter Einfluss von Licht, Wärme oder einer chemischen Reaktion ein Radikal freisetzen.

Notizen

LE 102 Füllstoff

Füllstoffe werden zur Volumenfüllung und zur ________________ von Schwindung und Eigenspannung im Formteil eingesetzt.

Notizen

LE 103 Einfluss auf die Materialeigenschaften

Nach Art, Form und Menge der Füllstoffe, verbessern bzw. verändern sich die Material- bzw. Gebrauchseigenschaften.

Anwendungsbeispiele:

- Schwindung (Dolomitmehl)
- Abriebfestigkeit (Quarzmehl)
- Brandverhalten (Aluminiumhydroxiden)
- Druckfestigkeit (Kreide, Kaolin)
- Wärmeausdehnung (Kreide, Kaolin, Tonerdehydrat, Quarzmehl)

Notizen

LE 104 Anforderungen an die Füllstoffe

- Leichte Dispergierbarkeit
- Gute Benetzungsfähigkeit
- Keine scharfkantigen Partikel
- Geringe Viskositätsbeeinflussung
- Absolute Trockenheit
- Keine wesentliche Beeinflussung der Härtungsreaktion

Notizen

LE 105 Aufgaben von Farbpasten

Farbpasten werden zur deckenden Durchfärbung sowie zum Eintönen von farblosen Deckschichtharzen oder Laminierharzen verwendet.

Aufgrund der guten Härtungseigenschaften haben sich zur Einfärbung Pigmente gegenüber Farbstoffen durchgesetzt.

Gleichzeitig sind sie auch als ______________ wirksam.

Notizen

LE 106 Einfärben von Harzen mittels Farbpasten

Die Zudosierung der Farbpaste beträgt etwa 10 bis 20 Gew.-%.

Bei Laminaten genügt im Allgemeinen ein Zusatz von 3 bis 5 Gew.-%.

Topcoats (LT-Lacke) sind durch Zugabe von 5 bis 20 Gew.-% Farbpaste einfärbbar.

Notizen

Handlaminierverfahren

LE 107 Prinzip des Handlaminierverfahrens

Im unten gezeigten Bild sind die verschiedenen Lagen des Handlaminierens dargestellt und benannt.

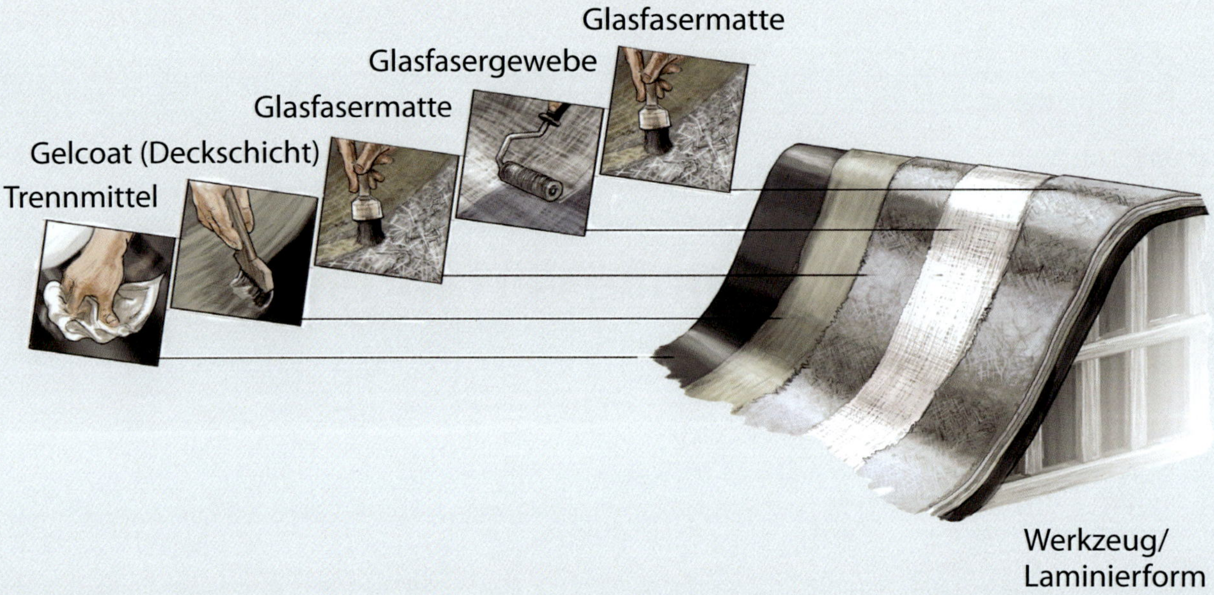

Notizen

LE 108 Arbeitsschritte

- Arbeitsvorbereitung (saubere, staubfreie Umgebung, Laminierform-, Materialien- und Werkzeugprüfung, Schutzkleidung etc.)
- Trennmittelauftrag auf die Laminierform
- Gelcoatauftrag auf die Trennmittelschicht
- Harzauftrag mit Pinsel oder Lammfellrolle
- Drapierung des textilen Halbzeugs (Glasfasermatte, -gewebe oder -gelege)
- Harztränkung unter Verwendung eines hartborstigen Pinsels oder einer geeigneten Fellrolle (Nylon-Flor)
- Entlüftung mithilfe einer Scheiben- oder Rillenwalze bzw. je nach Bedarf mittels flexiblem Metallroller, Borstenwalze, Kantenroller oder Pinsel

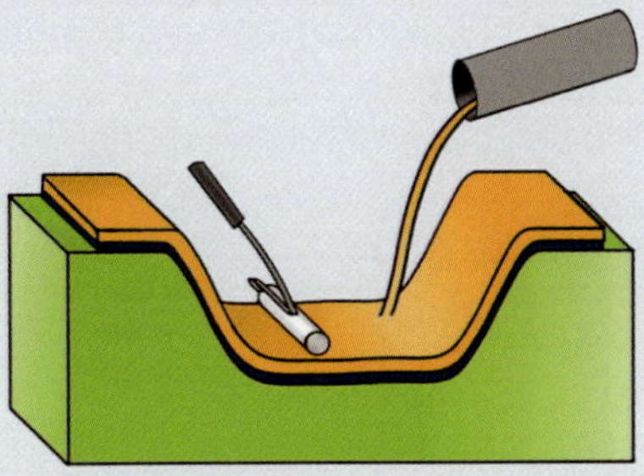

Notizen

LE 109 Trennmittel

Trennmittel bewirken die Aufhebung der Adhäsionskräfte zwischen dem Reaktionsharz und der Form (Kavität).
Die Aufgabe des Trennmittels ist es, eine ________________ Formteilentnahme aus der Kavität zu ermöglichen.

Das Trennmittel kann die Oberflächenoptik (z. B. Glanzgrad) beeinflussen.

Notizen

LE 110 Trennmitteltypen

- Trennpasten und -lösungen auf der Basis von Wachs, Paraffin oder Silikon
- Trenndispersion auf der Basis von PTFE oder Wachs
- Trennlacke (z. B. auf der Basis von PVA)
- Trennfolien (z. B. PET oder PE)

Notizen

LE 111 Auftrag von Trennwachsen

Der Auftrag von Trennwachsen (Paste, Lösung oder Dispersion) erfolgt mittels Lappen, Pinsel oder Sprühen.

Für ein vollständiges ____________ (Trocknen) ist zu sorgen. Erst ein sorgfältiges Polieren im Anschluss erzeugt den Trenneffekt. Die Erneuerung des Trennwachses erfolgt nach einigen Entformungen (je nach Beanspruchung).

Notizen

LE 112 Auftrag von Trennlacken

Der Auftrag von Trennlacken (streich-/sprühfähig, eingefärbt oder uneingefärbt sowie in verschiedenen Glanzgraden) erfolgt mittels Lappen, Schwamm oder Spritzpistole.

Für eine vollständige Ablüftung ist zu sorgen. Trennlackschichten werden ______________.

Der Auftrag des Trennlacks entscheidet über die Oberflächenqualität des Formteils. Der Auftrag wird meist nach jedem Entformungsvorgang erneuert.

Notizen

LE 113 Trennmittelkombination

Zuerst erfolgt der Auftrag des Trennwachses.

Nach der Trocknung und dem anschließendem Polieren kann der Trennlack aufgebracht werden.

Voraussetzung:

- Abstimmung von Trennwachs und Trennlack (d. h. prüfen, ob der Trennlacke einen Film bildet).

Notizen

LE 114 Entfernung von Trennmittelrückständen

Je nach Trennmittel können Rückstände in der Form oder auf dem Modell verbleiben.

Trennmittelrückstände müssen bei wachshaltigen Trennmitteln mit geeignetem Reinigungsmittel mechanisch oder chemisch entfernt werden.

Wässriger Trennlack lässt sich mit Wasser entfernen.

Silikonölhaltige Trennmittel sind ________ rückstandslos entfernbar.

Notizen

LE 115 Trennfolien

- PVA-Folien weisen eine hohe Dehnbarkeit auf und sind lösemittelbeständig.
- PET-Folien sind aufgrund ihrer hohen Steifigkeit nur für einseitig gekrümmte Formen geeignet.
- PE-Folien sind für die Harzmattenherstellung verwendbar.

Notizen

LE 116 Gelcoats

Die Deckschicht eines Faserverbundwerkstoffs wird als Gelcoat bezeichnet. Gelcoats sind meist eingefärbte Reinharzschichten auf UP- oder VE-Harzbasis und bilden somit die ______________ des Formteils.

Auch existieren transparente Gelcoats, insbesondere auf Epoxidharzbasis. Ein exemplarisches Einsatzgebiet sind kohlenstofffaserverstärkte Sichtbauteile, sodass die Faserstruktur sichtbar bleibt.

Notizen

LE 117 Gelcoatauftrag

Wird ein Gelcoat als erste Schicht in einer Negativform aufgebracht, härtet die Gelcoatschicht an der zur Formoberfläche abgewandten Seite (luftseitig) klebrig aus.

Vorteilhaft ist, dass sich textile Halbzeuge (z. B. Glasfasermatten) anschließend leichter in der Form drapieren lassen.

Notizen

LE 118 Topcoats

Ein Topcoat wird als ________________ auf das Laminat aufgebracht und härtet klebfrei aus.

Beim Topcoat handelt es sich um eine kratz- sowie verschleißfeste Deckschicht.

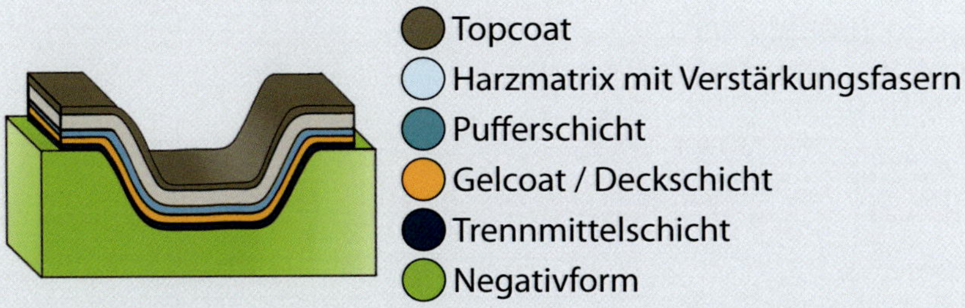

Die Schicht kann gleichzeitig auch zur ________________ dienen.

Weitere Aufgaben sind die Verbesserung der Witterungs- sowie der Chemikalienbeständigkeit.

Einsatzgebiete:

- Bootsbeschichtungen
- Sport- und Freizeitgeräte
- Schwimmbadbau
- Chemikalienbehälter

Notizen

LE 119 Gelcoat/Topcoat Eigenschaften

- Hochreaktives Harz (eine dünne Schicht, exotherme Reaktion)
- Thixotropiermittel (gleichmäßiger Auftrag ohne Ablaufen an geneigten Flächen)
- Reaktionsmittel (System A oder System B)
- Ggf. zusätzliche Füll- oder Farbstoffe

Notizen

LE 120 Applikation von Deckschichten

Handauftrag:

Die einfachste Variante ist ein Handauftrag mittels Pinsel. Vorteilhaft ist eine geringe Styrolemission (UP- und VE-Harz) und eine sehr gute Entlüftung.

_______________ sind zu vermeiden. Empfohlen wird ein zweischichtiger Auftrag mit einer Auftragsdicke von jeweils etwa 0,3 mm. Für große und flächige Formteile ist der Rollenauftrag von Vorteil.

Spritzauftrag:

Auftrag mittels Spritzpistolen (Airlessverfahren) oder Becherpistolen.

_________________ sollte möglichst niedrig sein. Vorteilhaft ist der geringe Zeitaufwand.

Nachteilig beim Spritzauftrag ist die erhöhte Styrolemission und der zusätzliche Lufteintrag in das Material.

Beim zweilagigen Auftrag sollte die erste Schicht ca. 0,2 mm betragen. Dadurch wird eine bessere Entlüftung erzielt.

Auf die noch nicht gelierte erste Schicht wird eine zweite Schicht mit einer Schichtdicke von bis zu 0,6 mm aufgetragen (Spritzabstand: ca. 0,5 bis 0,6 m).

Notizen

LE 121 Nassschichtdicke

Das Maß des nach dem Auftrag noch nassen Beschichtungsmaterials wird als Nassschichtdicke bezeichnet.

Eine Nassschichtdicke von 0,4 bis 0,6 mm entspricht je nach Material einem Flächengewicht von 500 bis 700 g/m^2.

Zu geringe Schichtdicken können zu
__________________ führen.

Zu hohe Schichtdicken können zu
__________________ führen.

Notizen

LE 122 Verarbeitungstemperatur

Harz, Peroxid, Form und Werkzeuge sollten eine möglichst homogene Temperatur im Bereich von 18 bis 25 °C aufweisen.

Eine geringe Verarbeitungstemperatur __________ die Viskosität des Materials. Wird die Viskosität zu hoch, ist keine fachgerechte Applikation mehr möglich. Auch findet keine ausreichende Entlüftung mehr statt.

Hohe Temperaturen bewirken eine ____________ Viskosität.

Notizen

LE 123 Luftfeuchtigkeit

Die Luftfeuchtigkeit hat einen Einfluss auf die Verarbeitungseigenschaften.

Die relative Luftfeuchtigkeit sollte zwischen 50 und 70 % liegen. Herstellerangaben beachten!

Notizen

LE 124 Luftbewegungen

Starke Zugluft beschleunigt bei UP- bzw. VE-Harzen die ______________________.

In tiefen Formen herrscht keine Luftbewegung, dadurch können sich die Dämpfe nicht verflüchtigen. In diesem Fall kann Feuchtigkeit in die Feinschicht gelangen.

Abhilfe: Kippen der Form

Notizen

LE 125 Verarbeitungshinweise

Nur vorgeschriebene Härter in der vorgeschriebenen Dosierung verwenden.

_______________ ist nach Zugabe homogen mit dem Harz zu vermischen.

Bei der Verarbeitung mit einer Becherpistole sollte einmal umgetopft werden.

Harz- und Härterdosierungsgeräte sind regelmäßig zu kalibrieren.

Notizen

LE 126 Härtedauer vor dem Laminiervorgang

Mit der nachfolgenden Herstellung des Laminataufbaus sollte die Härtedauer gemäß der Herstellerangaben eingehalten werden, damit sich beispielsweise keine Glasfasern durch die Deckschicht durchdrücken.

Zu lange Arbeitsunterbrechungen können jedoch dazu führen, dass Haftung an der Kontaktfläche zum Laminat beeinträchtigt wird.

Notizen

LE 127 Unterhärtung

Bei der Unterhärtung handelt es sich um eine unzureichende Aushärtung der Gelcoatschicht vor dem Harzauftrag. Die resultierende Schicht ist weich und im Vergleich zu einer ausreichend ausgehärteten Schicht weniger beständig.

Im Falle einer Unterhärtung erfolgt beim späteren Laminataufbau ein Anquellen der Feinschicht durch Styrol. Hierdurch kann eine Wellenstruktur an der Oberfläche entstehen, die sogenannte „Elefantenhaut".

Notizen

LE 128 Spannungsrisse

Spannungsrisse treten im Bereich der Gelcoatoberfläche u. a. infolge einer übermäßigen Krafteinwirkung bei der Entformung (Biegung, Schlageinwirkung etc.) oder bei mechanischer Belastung des Bauteils im Gebrauch auf.

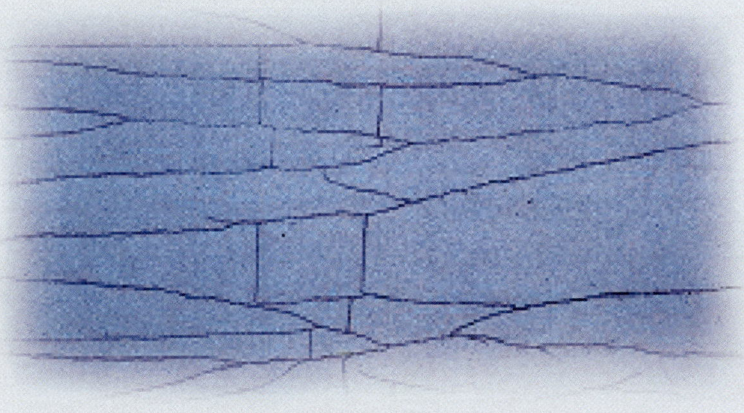

Notizen

LE 129 Fischaugen

Durch lokale Benetzungsfehler beim Auftrag des Gelcoatharzes können sogenannte Fischaugen auftreten. Ursache für diese Fehlstellen sind u. a.:

- ____________________ der Formoberfläche
- Verwendung des falschen Wachstyps
- Abgenutzte Pinsel
- Falsche Einstellung des Spritzgerätes beim Spritzauftrag

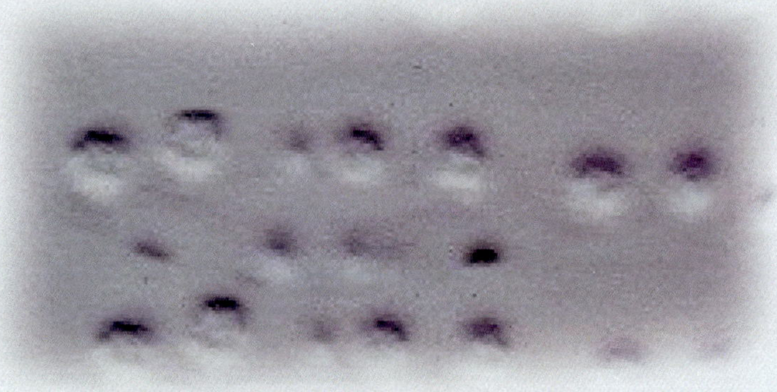

Notizen

LE 130 Haftungsfehlstellen

Mögliche Ursachen für Haftungsfehlstellen sind u. a.:

- Ein Abplatzen der Gelcoatschicht aufgrund von ____________________
- Eine zu hohe Dosierung des Härters
- Eine ungleichmäßig oder falsch aufgetragene Trennmittelschicht

Notizen

LE 131 Oberflächliche Abzeichnung der Faserstruktur

Dieser Fehler wird u. a. verursacht durch:

- eine grobe Fasertextur,
- eine zu dünne________________ oder
- eine unzureichende Aushärtung des Gelcoats.

Notizen

LE 132 Schlierenartige Struktur

Schlierenartige Strukturen an der Oberfläche können u. a. auf:

- einen hohen ________________,
- einen ungleichmäßigen Schichtauftrag oder
- eine ungleichmäßige Aushärtung (Schwindung)

zurückzuführen sein.

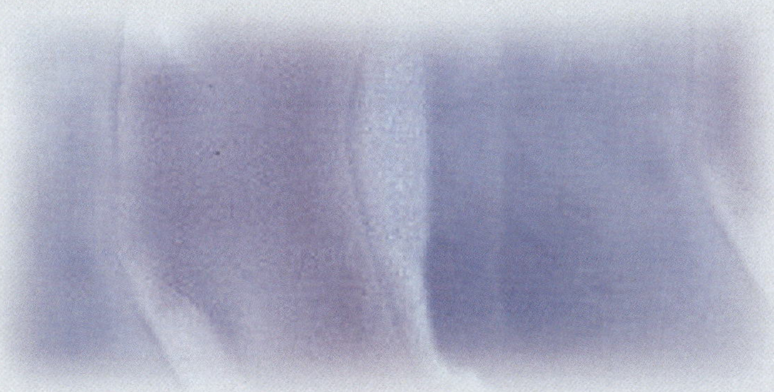

Notizen

LE 133 Blasenbildung

Mögliche Ursachen für Fehlstellen in Form von Blasen sind u. a.:

- starke Sonnen- oder Hitzeeinwirkung
- ein schlecht entlüftetes Laminat
- ________________ auf dem Gelcoat, den Fasern bzw. im Lösemittel
- ein falscher _____________
- ungeeignetes Laminierharz bzw. Fasermaterial.

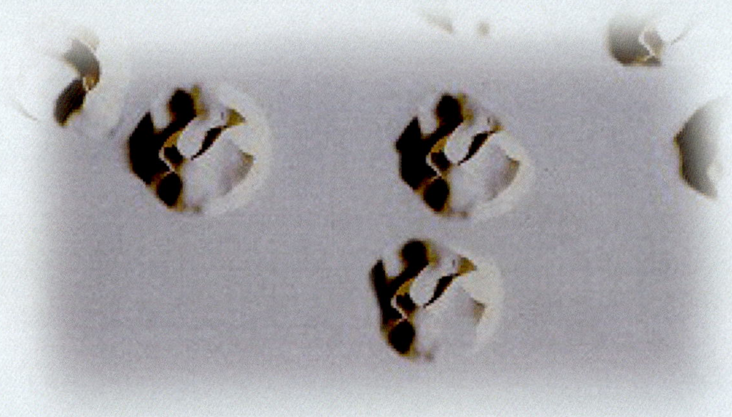

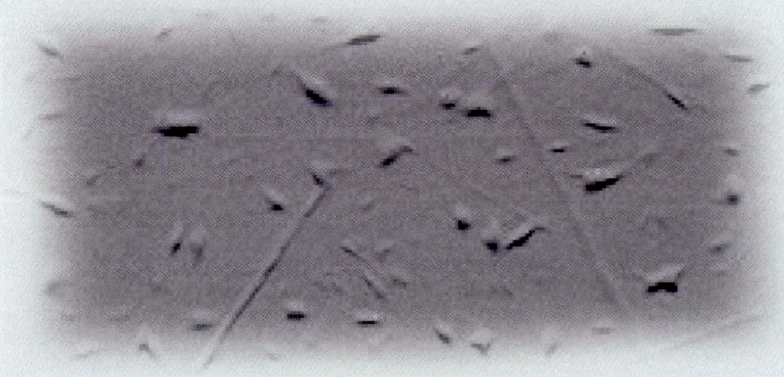

[Quelle: Reichhold GmbH]

Notizen

LE 134 Osmoseprozess

Die Osmose ist ein physikalischer Prozess, bei dem ein Konzentrationsausgleich gelöster Teilchen aufgrund der Diffusion eines Lösemittels (meist Wasser) durch eine halbdurchlässige Membran stattfindet.

Bei Kontakt mit Wasser können UP-Laminate nach einiger Zeit Blasen im Gelcoat bilden. Bei einer Blasenöffnung tritt eine meist säuerlich riechende Flüssigkeit aus. Ursache für den Flüssigkeitsaustritt ist die ___________ (ein natürlicher Prozess).

Notizen

LE 135 Osmose im Laminat

Bei der Herstellung eines Laminats entstehen Blasen bzw. Mikroblasen, auch wenn es gilt dies zu vermeiden. In diesen Hohlräumen können sich flüssige Rückstände vom Laminiervorgang (z. B. Harz, Härter, Lösemittel, Beschleuniger oder Styrol) sammeln.

Äußere Medien sind nun nach dem beschriebenen Osmoseprozess bestrebt, diese hohe Konzentration der gelösten Stoffe zu verdünnen und wandern deswegen entlang der Grenzschichten durch das Laminat in die Blasen.

Notizen

Die oberste Schutzschicht des Laminats („Gelcoat") wirkt als Membran. Durch das Diffundieren der Feuchtigkeit bis in die Blasen im Laminatinneren vergrößern sich diese. Hierdurch kommt es zu einer Trennung zwischen Fasern und Kunststoffmatrix.

Die Osmose stellt im Bereich des Bootsbaus eine große Herausforderung dar.

Notizen

LE 136 Erkennen von Osmoseschäden

Das zerstörungsfreie Erkennen der Osmose an einem Laminat geschieht über regelmäßige Feuchtigkeitsmessungen an der Oberfläche.

Steigt der Feuchtigkeitsgehalt vergleichsweise stark an, so ist dies ein deutlicher Hinweis dafür, dass der Osmoseprozess bereits fortgeschritten ist.

Neu entstehende Blasen an der Oberfläche weisen ebenfalls auf einen stark fortgeschrittenen Osmoseprozess hin.

Notizen

LE 137 GFK-Rohre

GFK-Rohre weisen eine sehr hohe Abriebfähigkeit sowie ______________________ auf. Zudem sind sie UV- und ______________________.

Notizen

LE 138 Einbindungsmöglichkeiten

Insbesondere im Apparatebau und Rohrleitungsbau werden häufig ________________ von Rohren in Behältern vorgenommen.

Diese können durch __________ und/oder Laminieren umgesetzt werden.

[Prüfstück nach DVS 2220 Beiblatt 1]

Notizen

LE 139 Exemplarischer Laminataufbau

Nach dem Trennmittelauftrag sowie der Gelcoatapplikation folgt der eigentliche Laminataufbau. Im nachfolgenden Bild ist examplarisch ein symetrischer Aufbau mittels aus Glasfasermatten und -geweben gezeigt.

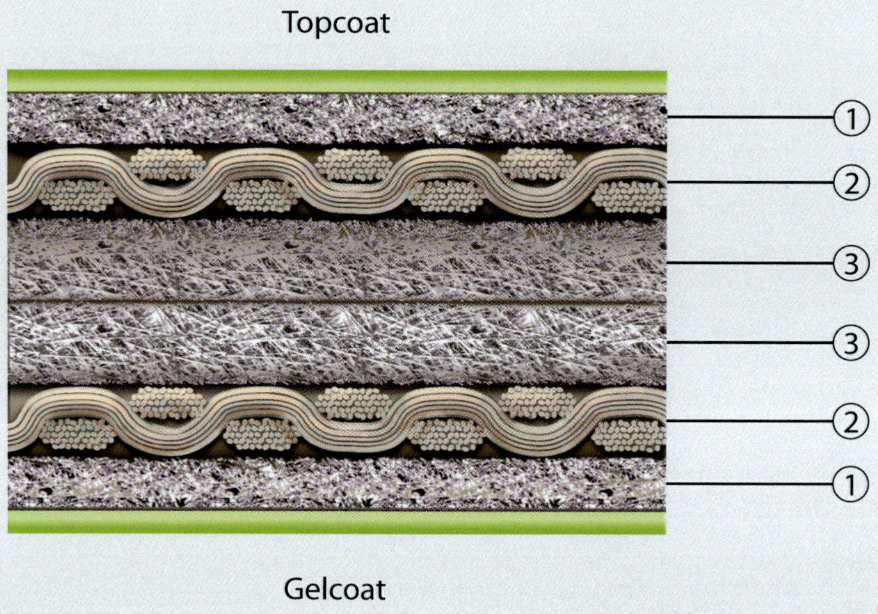

Schichte	Textiles Halbzeug	Flächengewicht [g/m²]
1	Matte	300
2	Rovinggewebe	900
3	Matte	450

Notizen

LE 140 Erste Laminatlage

Die erste Laminatlage ist besonders sorgfältig aufzubringen. Hier insbesondere darauf achten, dass die Matte in alle vorhandenen Ecken sauber eingearbeitet wird. Ab der zweiten Schicht ist ein Nass-in-Nass-Arbeiten möglich.

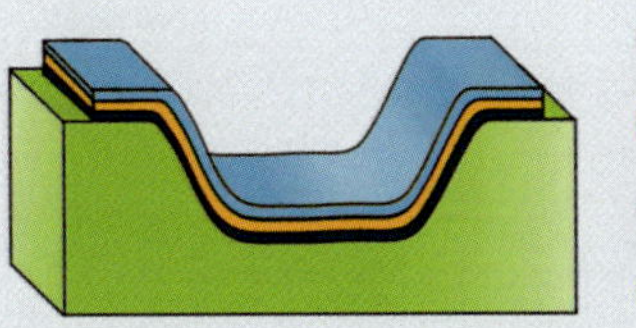

Die erste Laminatlage wird auf den Gelcoat aufgetragen und soll verhindern, dass Lufteinschlüsse zwischen Gelcoat und dem Laminat verbleiben. Auch das Risiko eines Durchdrückens der Fasern im Bereich der Gelcoatoberfläche wird minimiert.

Notizen

LE 141 Harztränkung

- Beim Tränken des textilen Halbzeugs löst sich der vorhandene Binder. Ein räumliches Anlegen des textilen Halbzeugs an die Werkzeugkontur ist möglich.
- Wichtig ist eine möglichst vollständige Benetzung aller Fasern mit Harz.
- Entfernung der Luftblasen und Andrücken der Fasern an die Form durch _______________ des textilen Halbzeugs. Hierdurch entsteht ein besseres Harz-/Faserverhältnis.

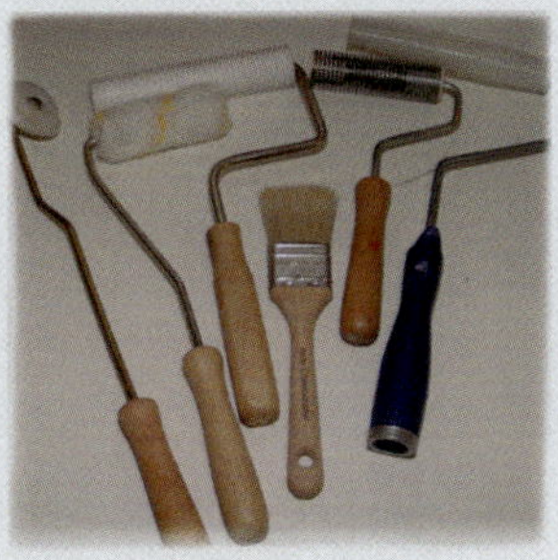

Entlüftungswerkzeuge

Notizen

LE 142 Vorgehensweise beim weiteren Laminataufbau

Beim Nass-in-Nass-Laminieren von UP-Laminaten beträgt die maximale Laminatdicke ca. 6 mm und bei EP-Laminaten ca. 10 bis 15 mm.

Bei dickeren Wandstärken muss das Laminat zuerst aushärten, bevor weitergearbeitet werden kann.

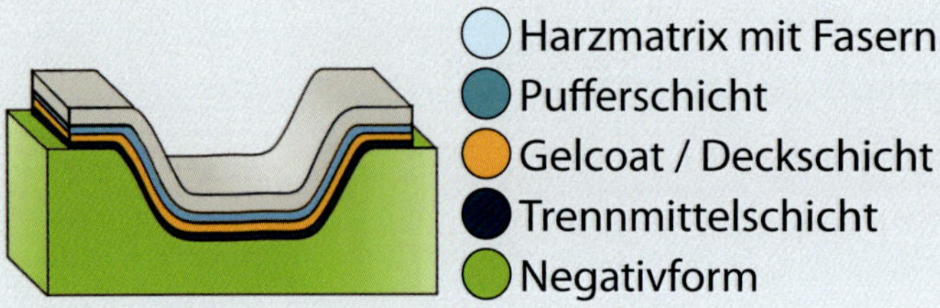

Sollen die Laminierarbeiten länger als 12 h unterbrochen werden, kann als letzter Arbeitsschritt ein Abreißgewebe aufgebracht werden. Alternativ muss die Fläche nach Aushärtung angeschliffen werden.

Durch einen symmetrischer Aufbau der Verstärkungsmatten kann ein __________ beim Härten vermieden werden.

Beim Laminieren mehrerer Gewebelagen als Zwischenschichten __________ verwenden.

Notizen

LE 143 Textiles Halbzeug aus Glasfasern

1. Textilglasmatten

Schichtdicke pro Lage [mm]	Flächengewicht [g/m^2]
0,7	300
1,0	450
1,3	600

2. Glasfaserrovings

Schichtdicke pro Lage [mm]	Flächengewicht [g/m^2]
1,0	600 - 650
1,4	900

3. Glasfasergewebe (Körperbindung)

Schichtdicke pro Lage [mm]	Flächengewicht [g/m^2]
0,4	160

4. Glasfasergewebe (Leinwandbindung)

Schichtdicke pro Lage [mm]	Flächengewicht [g/m^2]
0,3	80

Maximal erreichbare Glasfaseranteile:

1. Textilmatte ca ______ Gew.-%

2. Rovinggewebe ca. ______ Gew.-%

3. Glasgewebe (Körperbindung) ca. ______ Gew.-%

4. Glasgewebe (Leinenbindung) ca ______ Gew.-%

In der Praxis werden meist geringere Glasfaseranteile erreicht.

Notizen

LE 144 Harzansatzmenge

Rechenbeispiel zur Abschätzung der Menge des benötigten Harzansatzes:

- Laminatfläche: 1 m^2
- Wanddicke: 4 mm
- Glasfasermatte: 450 g/m^2 (entspricht einer Laminatschichtdicke von 1 mm).

Schritt 1: Glasfasergewicht berechnen

4 Glasfasermatten (je 450 g/m^2)

= 1.800 g Glasfasergewicht

Schritt 2: Harzmenge berechnen

Bei Massenanteilen von 40 Gew.-% Glasfasermatte und 60 Gew.-% Harz entspricht das Harzgewicht dem 1,5 fachen des Glasfasergewichtes.

$1{,}5 \cdot 1.800\ g = 2.700\ g$ ____________________

Notizen

LE 145 Entformen

Die Entformung des Bauteils sollte ohne
______________________________ mittels

- Gummihammer
- Holzkeil
- Luftdruck
- Wasser

erfolgen.

Notizen

LE 146 Besäumen

Überstehendes Laminat kann beispielsweise mithilfe eines Messers etwa 20 min nach dem Gelieren besäumt werden.

Nach dem Aushärten ist der Einsatz von entsprechenden Schneidgeräten (z. B. Stichsäge) erforderlich.

Notizen

LE 147 Vor- und Nachteile des Handlaminierverfahrens

Vorteilhaft beim Handlaminieren ist die hohe Gestaltungsfreiheit bei der Formgebung von Bauteile, die nahezu beliebig groß hergestellt werden können.

Außerdem sind die ______________________________ relativ gering.

Nachteilig ist beispielsweise, dass nur eine Oberfläche glatt wird. Auch die Nachbearbeitung zum ______________ ist zeitaufwendig.

Anwendung:

Prototypen, Einzelstücke, kleine Serien, Beschichtungen und Verstärkungen

Notizen

LE 148 Vorbereitung einer Reparatur

Vor Beginn der Reparaturarbeiten an einem FVK-Bauteil muss zunächst überprüft werden, ob eine Reparatur erfolgen kann.

- Ist die Reparatur möglich, erfolgt ein großflächiges Reinigen der Schadstelle. Danach folgt die Oberflächenvorbereitung mittels Anschleifen (grobe Körnung). Gegebenenfalls muss das Bauteil geschäftet werden.

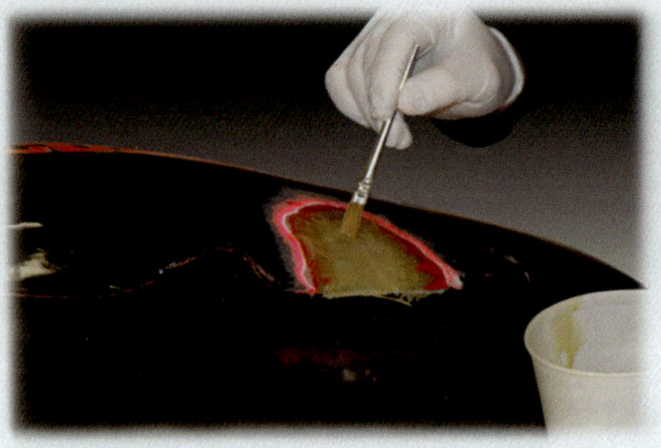

Notizen

LE 149 Lagenaufbau

Anwendung von Laminierharzen und Verstärkungsmaterialien nach DVS 2220 Beiblatt 2 (Prüfstück):

- Schäftung im Bereich der Schadstelle und Zuschnitt des textilen Halbzeugs
- Lagenweiser Laminatneuaufbau
- Planes Abschleifen des überstehenden Materials (nach dem Tempern)

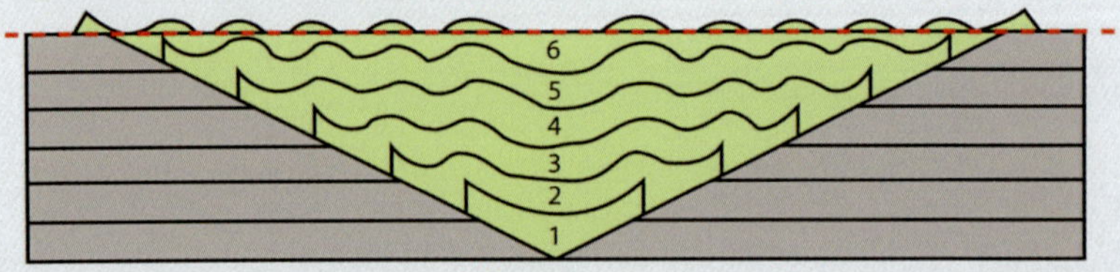

Der Laminataufbau des beschädigten Bauteils sollte vor der Reparatur beim Bauteilhersteller abgefragt werden, sodass eine hochwertige Reparatur umgesetzt werden kann.

Notizen

LE 150 Vorgehensweise bei einer Laminatreparatur

Schadstelle:

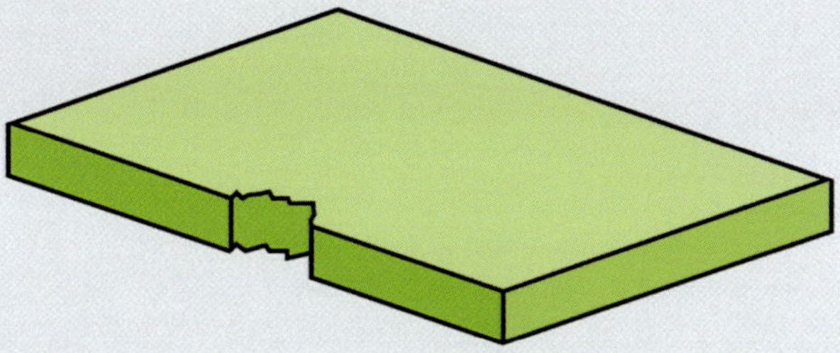

Schadstelle reinigen und anschließend im Winkel von etwa _______ ausschleifen.

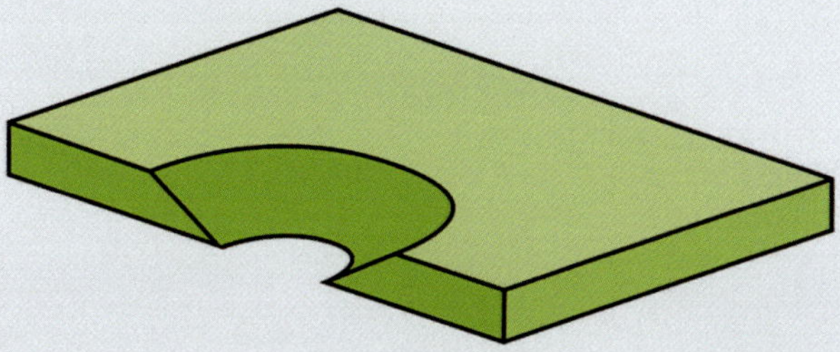

Beim Schleifen von faserverstärkten Kunststoffen ist eine geeignete persönliche Schutzausrüstung zu verwenden. Der entstehende Schleifstaub muss _______________ werden.

Lagenweiser Lamininatneuaufbau:

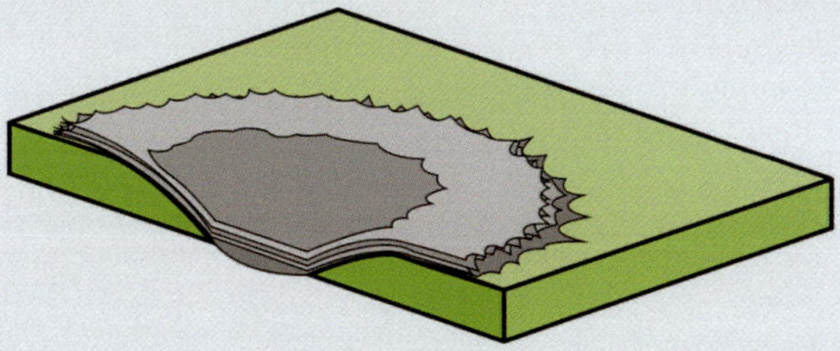

____

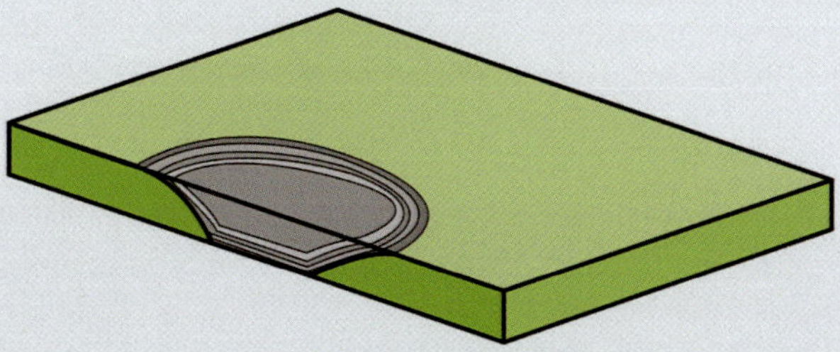

Nach der Aushärtung folgt das plane Abschleifen des überstehenden Materials.

Notizen

LE 151 Faserspritzverfahren

Beim Faserspritzverfahren handelt es sich um ein teilautomatisiertes Handlaminierverfahren.

Das Harz-Faser-Spritzgerät besteht aus einer Spritzpistole (Harzauftrag) sowie einem aufgesetzten Schneidwerk (Cutter), das die zugeführten Rovings auf eine Schnittlänge von 20 bis 60 mm einkürzt .

Das ________________ wird und die Schnittfasern werden auf das Formwerkzeug aufgespritzt.

Anschließend wird wie beim Handlaminierverfahren mittels Rillenwalzen oder Pinsel __________ und __________.

Notizen

LE 152 Mischsysteme

Interne Mischsysteme mit __________ Spritzdruck:

- Der Spritzvorgang wird über hydraulischen Druck der Pumpen ohne weitere Luftunterstützung durchgeführt.

Interne Mischsysteme mit komprimierter Luft:

- Der Spritzvorgang wird durch zusätzliche Druckluft unterstützt.

Außenmischsysteme mit ________ Spritzdruck und zusätzlicher Luftunterstützung:

- Harz und Härter verbinden sich erst nach Austritt aus der Spritzpistole

Mischsysteme mit einem Mischblock:

- Härter und Harz werden gemischt und mit hohem Druck durch einen Zuführungsschlauch zum Pistolenkopf geführt

Notizen

LE 153 Vor- und Nachteile des Faserspritzverfahrens

Das Faserspritzverfahren eignet sich aufgrund des effizienten Schichtauftrags insbesondere zur Herstellung großflächiger Formteile, die in relativ hohen Stückzahlen hergestellt werden.

Nachteilig ist wirre Faseranordnung, die aus dem Spritztauftrag resulitert und zu einer geringere Festig gegenüber laminierten Gelegen oder Geweben führt.

Notizen

Konstruktive Bauteilgestaltung

LE 154 Werkstoffe für den Formenbau

Zur Herstellung von Formen (Modelle) können folgende Materialien verwendet werden:

- Gips
- Holz
- Span- und Hartfaserplatten
- Schichtstoffplatten
- Stahl
- Formbare Aluminiumbleche
- GFK
- Hartschaum

Notizen

LE 155 Formenbau

Die Gestaltung und die Qualität des Formwerkzeugs hängt von der Beschaffenheit der Urform ab. Alle Unebenheiten in der Form werden auf das Endprodukt übertragen.

Deshalb ist große __________ bei der Herstellung von Werkzeugen bzw. Formen erforderlich.

Notizen

LE 156 Herstellung einer GFK-Form

Die Herstellung einer Form aus einem GFK ist identisch zum Formteillaminieren. Jedoch sind folgende Aspekte zu berücksichtigen:

1. Besonders _______________ Auftagen des Gelcoats und der ersten Laminatschicht (hohe Oberflächenqualität).

2. Sehr steife Ausführung der Form durch ein Aufdicken des Laminataufbaus oder mithilfe von einlaminierten Verstärkungsstrukturen realisieren.

3. Den Rand etwas größer als die Formteilgeometrie vorsehen und Markierung für die Besäumung der Formteile anbringen.

4. Ggf. den Einbau von Auswerfern (Luft oder Wasser) in der Planung bzw. beim Formenbau mitberücksichtigen.

Notizen

LE 157 Bauteilgestaltung

Die Gestaltung eines Bauteils muss so erfolgen, dass Spannungs- und Schwindungsrisse vermieden werden.

Ungünstige Bauteilgestaltung

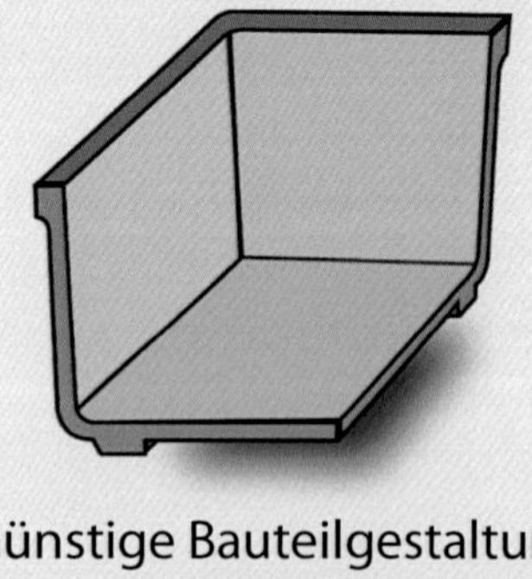

Günstige Bauteilgestaltung

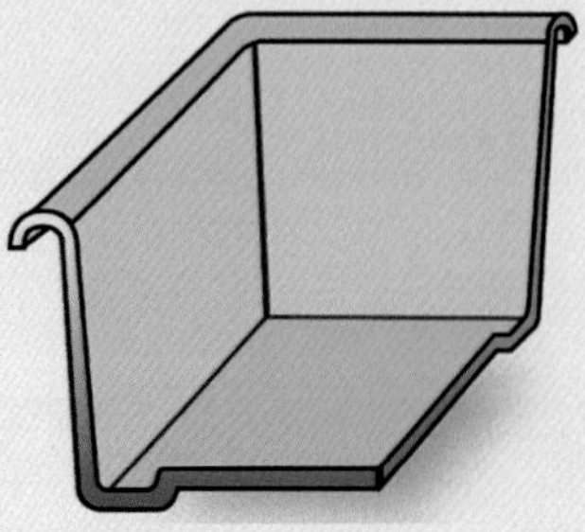

Notizen

LE 158 Radiengestaltung

Der kleinste Innen- bzw. Außenradius am Fertigteil darf ________ nicht unterschreiten.

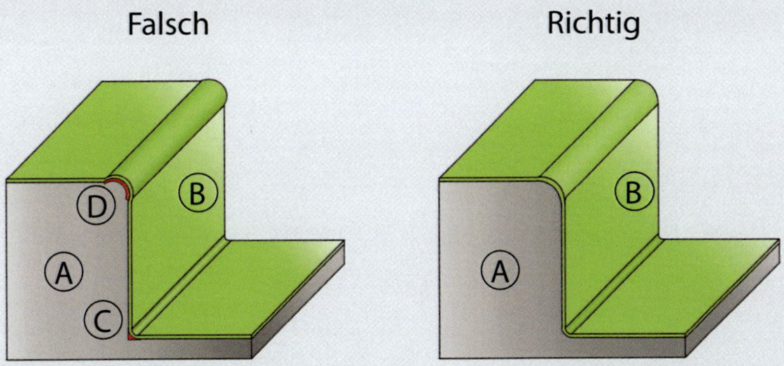

Ⓐ Werkzeug
Ⓑ Laminat
Ⓒ Harzreiche Kante
Ⓓ Lunker

Notizen

LE 159 Hinterschneidungen

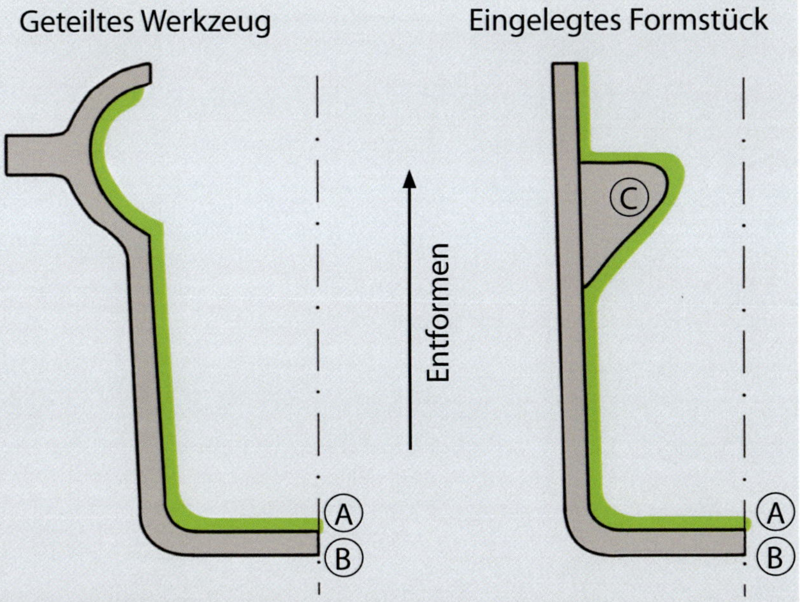

Ⓐ Laminat
Ⓑ Werkzeug
Ⓒ Formstück

Notizen

LE 160 Entformungsschrägen

Die Entformungsschräge der Form muss ausreichend groß sein, um eine gute Bauteilentformung zu gewährleisten.

Falsch

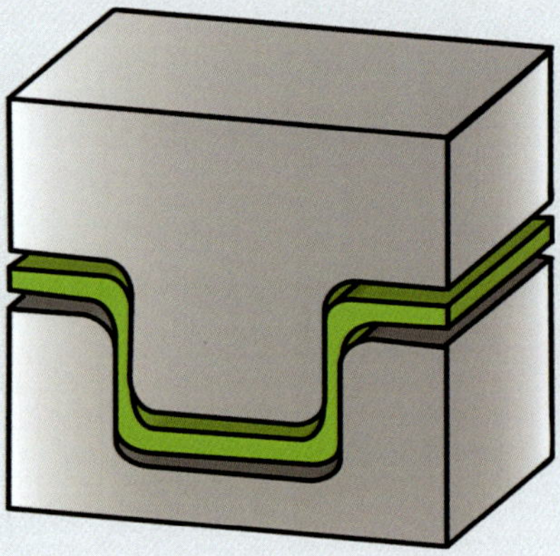

Richtig

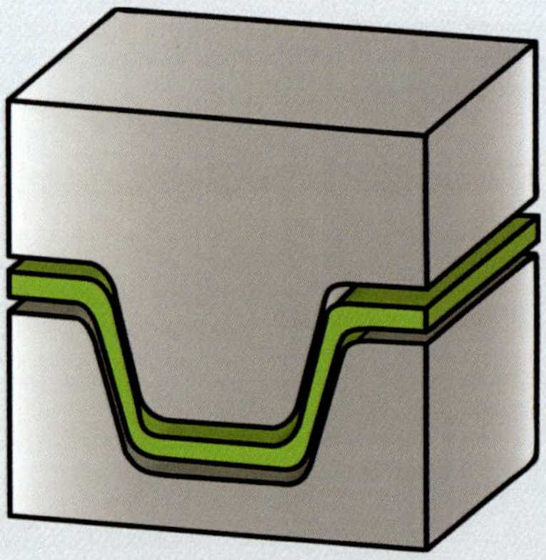

Notizen

LE 161 Versteifungen

Plane Flächen verziehen sich leicht. Zu den geeigneten Gegenmaßnahmen zur Minimierung/ Vermeidung von Verzug zählen:

- Sicken
- Zusätzliche Verstärkungslagen
- Einlaminieren oder Aufkleben von Profilen
- Sandwichkonstruktionen

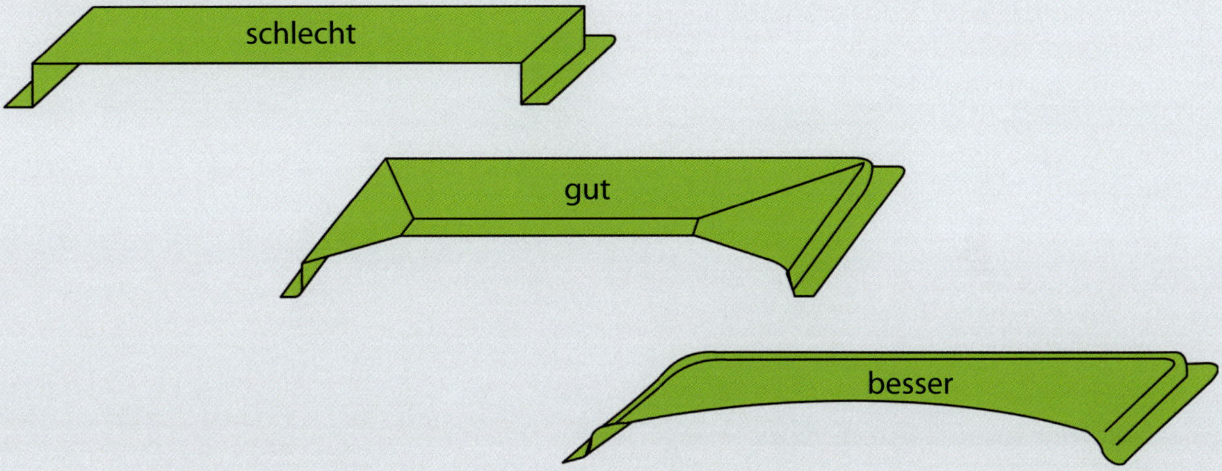

LE 162 Sicken

Sicken

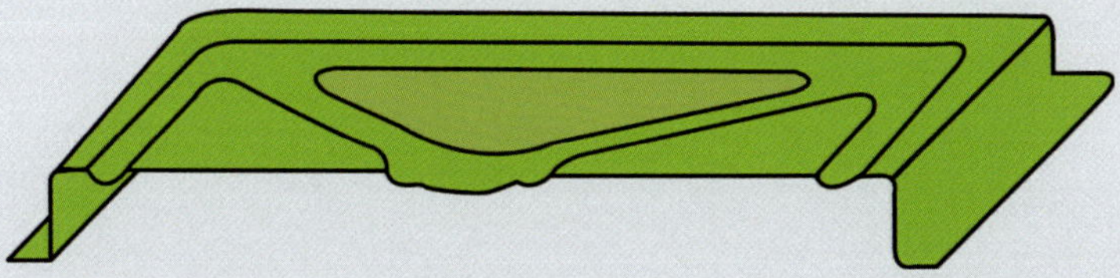

Zusätzliche Verstärkungslagen

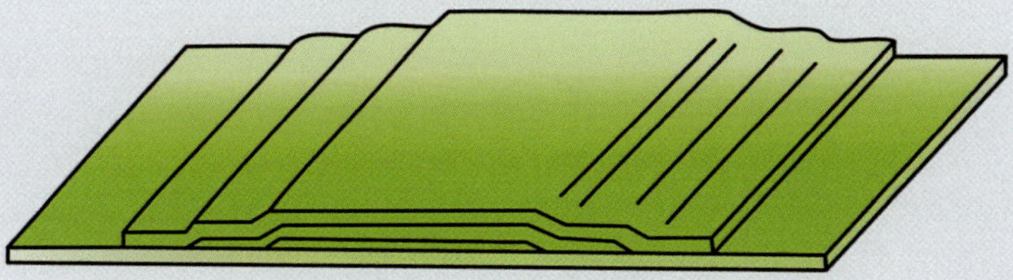

Notizen

LE 163 Profilierung

Versteifung durch aufgeklebte Profile

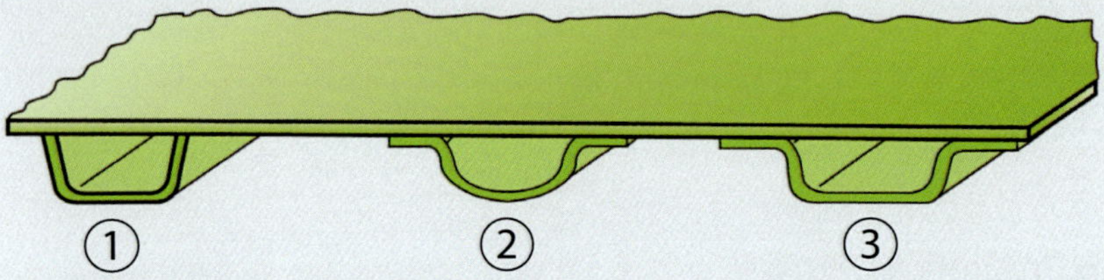

① Falsche Umsetzung (Klebfläche zu klein)
② Gute Verklebung
③ Sehr gute Umsetzung (größerer Verformungswiderstand)

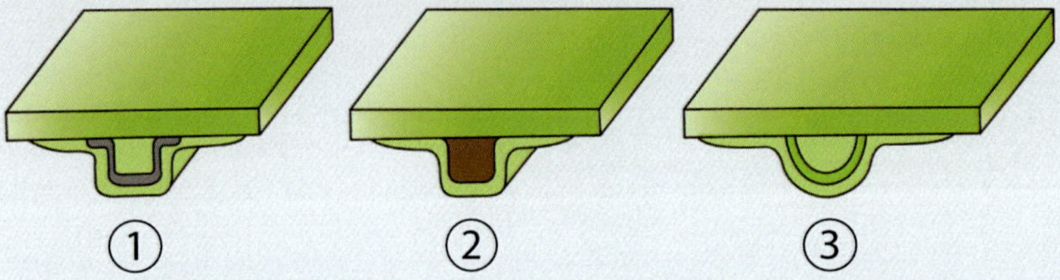

① Metallprofil
② Holz- oder Hartschaumprofil
③ Halbrohr aus Kunststoff/Pappe

Notizen

LE 164 Gestaltung von Kanten und Rändern

Abschlusskanten mit Einlaminieren von Profilen:

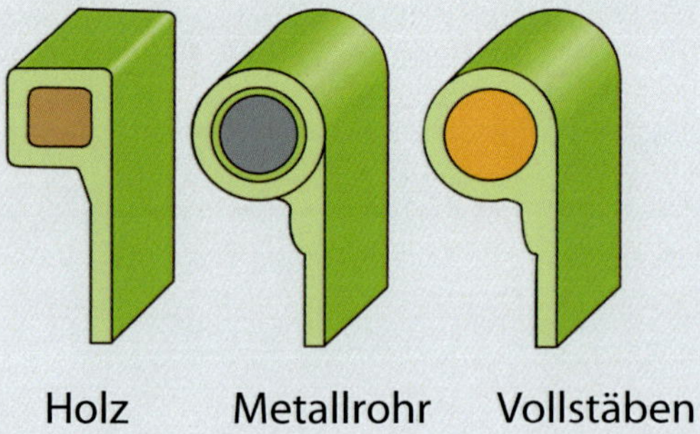

LE 165 Sandwichkonstruktionen

Sandwichkonstruktionen bestehen aus relativ dünnen Decklaminaten und einem vergleichbar dicken, aber leichten Kern.

So entsteht eine Struktur mit hoher Tragfähigkeit und Biegesteifigkeit bei sehr ____________ Gewicht.

Als Kernmaterial werden häufig Aramid- und Aluminiumwaben, Hartschäume, Holzwerkstoffe und Profile verwendet.

Notizen

LE 166 Sandwichkonstruktionen Beispiele

Wabenplatte

Sandwichplatte mit Aluminiumprofil

Kern aus Balsaholz
(z. B. Hirnholzquader)

Verbundplatte mit Schaumstoffkern

Grundlagen zum Kleben

LE 167 Einleitung

Kleben ist ein _________________, bei dem die Fügeteile mithilfe eines Klebstoffs unlösbar miteinander verbunden werden.

Das _____________________________ wird beim Klebvorgang nicht wesentlich verändert.

Notizen

LE 168 Klebstoff

Ein Klebstoff ist ein „nichtmetallischer Stoff", der Fügeteile durch _____________ (Flächenhaftung) und _____________ (innere Festigkeit) miteinander verbindet.

Notizen

LE 169 Überschrift

Das nachfolgende Bild stellt schematisch dar, wie die Adhäsionskräfte und die Kohäsionskräfte im Fügebereich wirken.

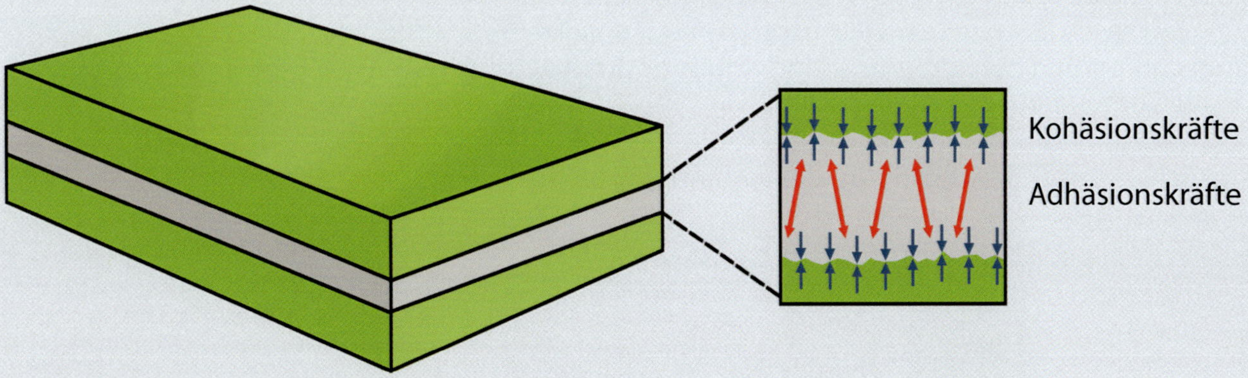

Notizen

LE 170 Kleben von faserverstärkten Kunststoffen

Folgende Aspekte sind relevant für eine hohe mechanische Festigkeit von Klebverbindungen:

Klebgerechte Konstruktion (Beachtung der Gestaltungsgrundsätze)

Innere Festigkeit (Kohäsion):

- Geeignete Klebstoffauswahl
- Richtiges Mischungsverhältnis des Klebstoffs
- Fachgerechter Klebstoffauftrag
- Einhaltung der Topf- und Aushärtezeiten

Flächenhaftung (Adhäsion):

- Sorgfältige Oberflächenvorbereitung
- Ausreichende Benetzung der Fügeflächen
- Ausbildung physikalischer und chemischer Haftungskräfte

Notizen

LE 171 Festigkeit von Klebverbindungen

Für eine hohe Festigkeit von Klebverbindungen müssen die Werkstoffe (Fügeteil und Klebstoff) gut aufeinander abgestimmt und die Kohäsions- und Adhäsionskräfte ausgewogen sein.

Das schwächste Glied bestimmt die Verbindungsfestigkeit.

Schematische Darstellung der Festigkeitskette

Notizen

LE 172 Klassifizierung von Klebstoffen

In der folgenden Abbildung sind Festigkeit und Elastizität von verschiedenen Klebstofftypen schematisch veranschaulicht.

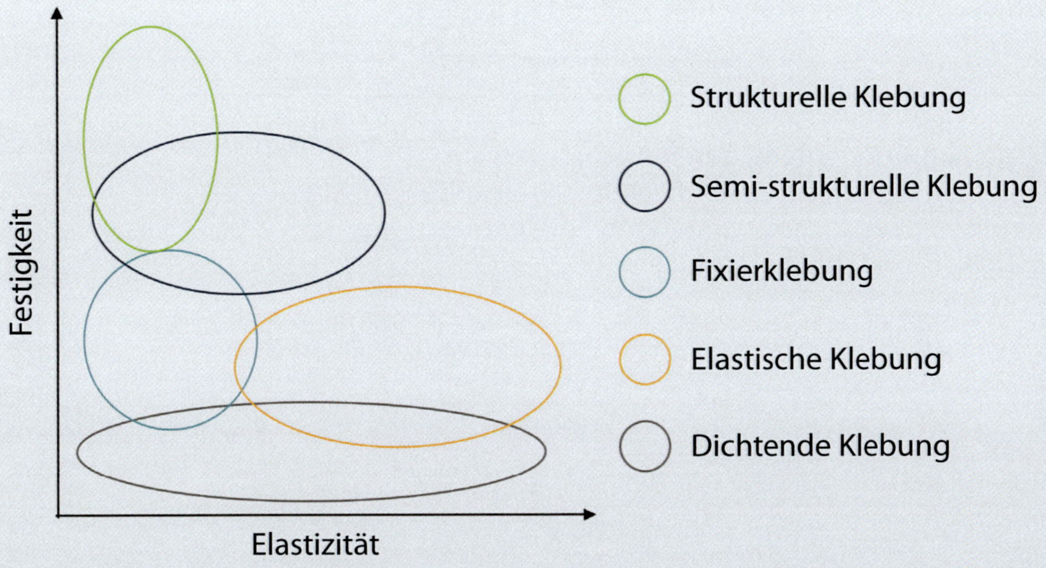

Notizen

LE 173 Einteilung der Klebstoffe

Unterschieden werden zwei große Gruppen von Klebstoffsystemen:

1. ____,

deren Aushärtung auf physikalischem Abbinden basiert.

2. ________________________

(Ein- oder Mehrkomponenten), deren Aushärtung auf einer chemischen Reaktion basiert. Reaktionsklebstoffe werden eingesetzt, wenn faserverstärkten Kunststoffe stoffschlüssig verbunden werden sollen.

Notizen

LE 174 Physikalisch abbindende Klebstoffe

Bsp. Lösemittelklebstoffe:

① __________ des Grundwerkstoffs

② ______________ des gelösten Grundwerkstoffs

③ Abbinden durch ________________ des Lösemittels

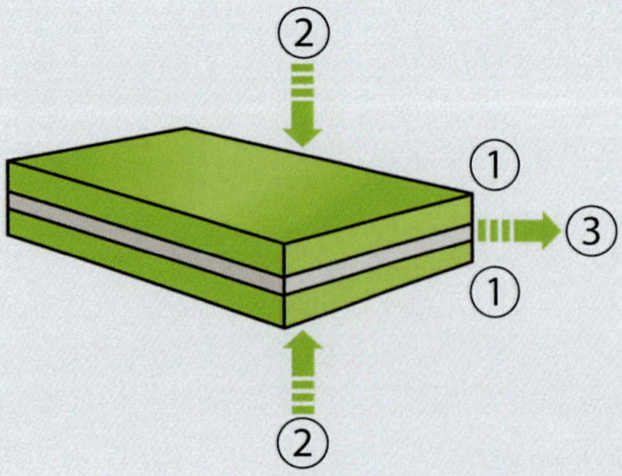

Physkalisch abbindende Klebstoffe sind nicht zum strukturellen Kleben von Faserverbundkunststoffen geeignet.

Notizen

LE 175 Reaktionsklebstoffe

Die Aushärtereaktion beginnt beim Kontakt mit Luftfeuchtigkeit (Einkomponenten-Klebstoff) oder mit dem Mischen der Komponenten (Mehrkomponenten-Klebstoff).

Mehrkomponenten-Klebstoffe müssen genau dosiert und gut durchmischt werden.

Innerhalb der angegebenen Topfzeit muss der Klebstoff verarbeitet werden. Die Topfzeit ist abhängig von der Temperatur und der Ansatzmenge.

Die Aushärtungsreaktion findet bei Raumtemperatur statt. Die Fügeteile dürfen bis zum Erreichen der Endfestigkeit nicht bewegt werden.

Notizen

LE 176 Vorbereitung einer Klebverbindung

Die Vorbereitung der Fügeflächen ist sehr wichtig.

Die Oberflächen der Fügeteile muss:

___________,
___________,
und ___________ sein.

Außerdem sollten die Fügeflächen ____________ werden, was eine Vergrößerung der Klebfläche bewirkt.

Notizen

LE 177 Beanspruchungsarten

Schubbeanspruchung

____

Schälbeanspruchung

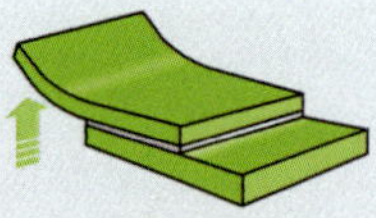

____

Normalbeanspruchung

____

Notizen

LE 178 Adhäsionsbruch

Das Bruchbild gibt Aufschluss über die Schwachstelle einer Klebverbindung, nicht jedoch über die unmittelbare Schadensursache.

Adhäsionsbrüche treten beispielsweise aufgrund aus einer unzureichende ____________________________ oder bei Verwendung eines ungeeigneten Klebstoffs auf.

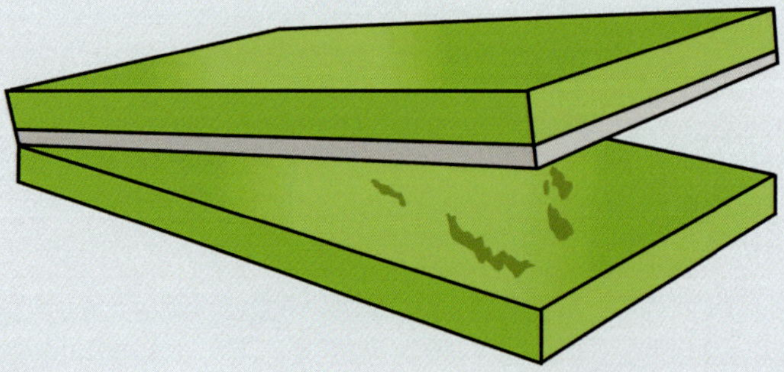

Notizen

LE 179 Kohäsionsbruch

Auch beim Kohäsionsbruch kann das Bruchbild nur Aufschluss über die Schwachstelle der Klebverbindung geben.

Das mechanische Versagen erfolgt beispielsweise aufgrund einer ungeeigneten ________________ des Fügebereichs oder durch äußere Einwirkungen (z. B. Alterung oder Temperatureinflüsse). Eine weitere Ursache für das Auftreten eines Kohäsionsbruches kann der Einsatz eines ungeeigneten Klebstoffs sein.

Notizen

Spanende Bauteilnachbearbeitung

LE 180 Spanende Bearbeitung

Faserverbundwerkstoffe und Füllstoffe erzeugen einen __________ Werkzeugverschleiß bei der spanenden Bearbeitung.

Zum Einsatz kommen daher Hartmetall-Schneidwerkzeuge oder diamantbestückte Werkzeuge.

Notizen

LE 181 Schneiden

Zur Herstellung gerader Schnitte können nachfolgende Werkzeuge verwendet werden:

- Korundscheiben-Trennscheiben
- Siliziumkarbid-Trennscheiben
- diamantbestückte Kreissägeblätter.

Zur Erstellung von Kurvenschnitten eignen sich:

- Elektrische Stichsägen
- Fräsen
- Metallbandsägen.

Notizen

LE 182 Wasserstrahlschneiden

Mit hohem Druck wird Wasser durch eine Düse (Ø 0,1 bis 0,2 mm) gepresst.

Vorteile sind eine geringe thermische und mechanische Bauteilbelastung.

Notizen

LE 183 Schleifen

Das Schleifen von FVK erfolgt mittels:

- Siliziumkarbid- bzw. diamantbestückten Schleifscheiben
- Nass-Schleifpapier (Körnung: 60 bis 1.500; manuell oder mit entsprechenden Handschleifmaschinen).

Notizen

LE 184 Bohren

Geeignete Bohrwerkzeuge für die Nachbearbeitung von FVK sind:

- Hartmetallbestückte Spiralbohrer
- Galvanisch belegte Diamant-Hohlbohrer mit automatischem Kernauswurf
- Kreisschneider mit verstellbarem Messer.

Notizen

LE 185 Kühlung beim Bohren

Beim Bohren von FVK entstehen hohe Temperaturen.

Da Kunststoffe Wärme schlecht ableiten, ist eine Kühlung mit __________ erforderlich.

Darauf zu achten ist, dass dem Kühlmittel keine Zusatzstoffe (z. B. Kühlschmierstoffe) zugesetzt werden.

Notizen

LE 186 Nachbearbeitung von Kanten

Die Nachbearbeitung von Bohrlöchern erfolgt mithilfe von Kegelsenkern.

Ausbrüche sowie Außenkanten werden mittels Feile oder Schleifpapier nachbearbeitet.

Notizen

Maschinelle Herstellungsverfahren

LE 187 Duroplastische Vorprodukte

__________________ (z. B. Polyester-, Vinylester-, Epoxid- und Phenolharze) liegen in ____________ Form vor und werden bei Raumtemperatur verarbeitet.

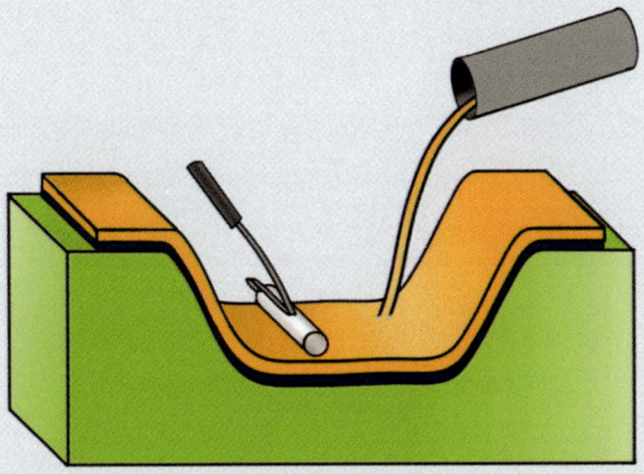

_____________ sind mit Harz vorimprägnierte textile Halbzeuge.

Diese ________________, die Fasern enthalten, liegen in fester Form vor und werden durch Pressen (hohe Temperatur) verarbeitet.

Beispiel: Sheet Moulding Compound (SMC)

Notizen

LE 188 Resin Transfer Moulding (RTM)

Beim Resin Transfer Moulding (RTM) wird eine Harz-Härter-Mischung aus einem Vorratsbehälter unter Druck in eine Form injiziert. Dabei werden die eingelegten Fasermatten oder Preforms getränkt. Das Aushärten erfolgt unter Nachdruck.

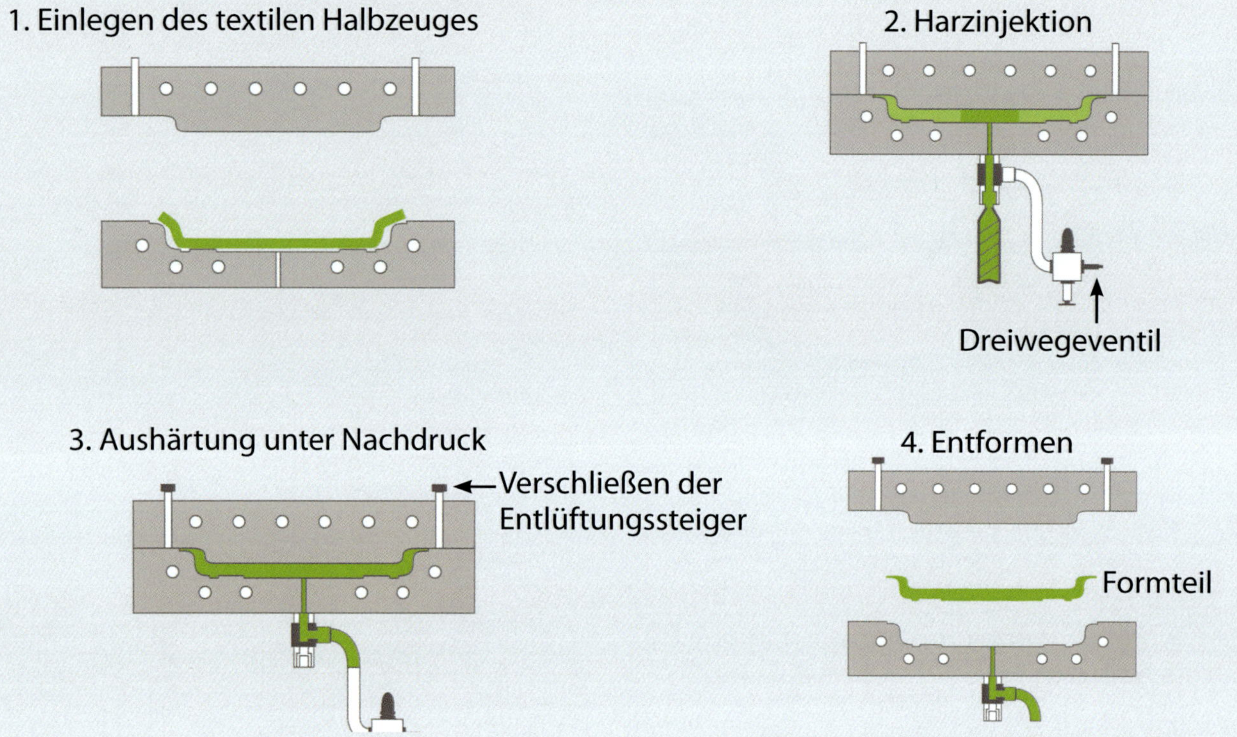

LE 189 Vorteile des RTM-Verfahrens

- Realisierung von Bauteilen mit hohem Faservolumengehalt (bis 65 %)
- Relativ kurze Zykluszeiten (> 5 min bis mehrere Stunden)
- Geschlossener Prozess
- Kaum Emissionen
- Kein direkter Kontakt mit dem Harz
- Beidseitig gute Oberflächenqualität
- Reproduzierbare Qualität
- Geringe Wanddicke
- Kaum Harzabfall
- Preiswerte Anlagentechnik

Notizen

LE 190 Spaltimprägnierverfahren

Das Spaltimprägnierverfahren ist ein automatisiertes Harzinjektionsverfahren. Allgemein lassen sich deutlich kürzere ________________ als in Standardverfahren erzielen.

Verfahrensablauf:

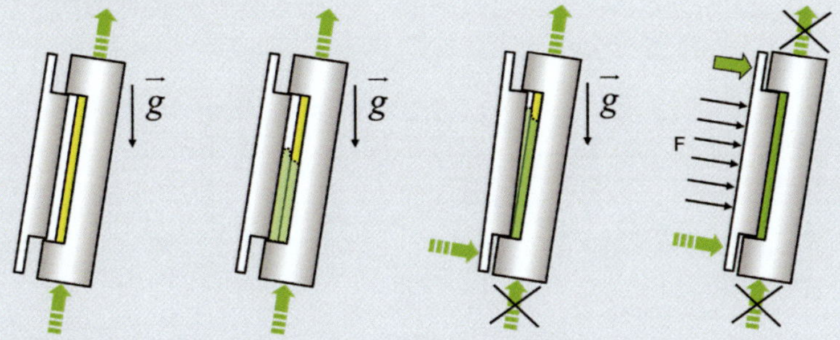

Durch die Erzeugung des temporären Fließspalts findet eine flächige Harzverteilung statt. Eine Walkbewegung sorgt für die Komprimierung und die schnelle Imprägnierung des Preforms.

Spaltimprägnieranlage:

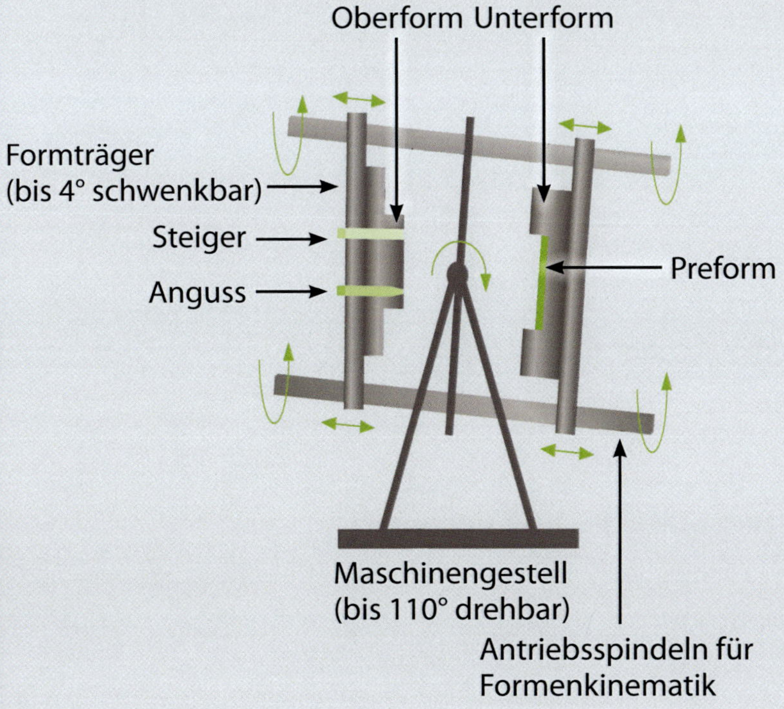

Notizen

LE 191 Harzinfusionsverfahren

Beim Harzinfusionsverfahren wird das textile Halbzeug in eine einteilige Form eingelegt und mit einer Vakuumfolie (auch als Vakuumsack bezeichnet) abgedeckt, welche umlaufend dicht verschlossen werden muss. Über ein Vakuum wird das Harz dann in die Form eingebracht, was zur Imprägnierung der Fasern führt. Ein druckfestes Werkzeug ist bei diesem Verfahren nicht erforderlich. Mithilfe des Harzinfusionsverfahrens können sehr große Bauteile gefertigt werden.

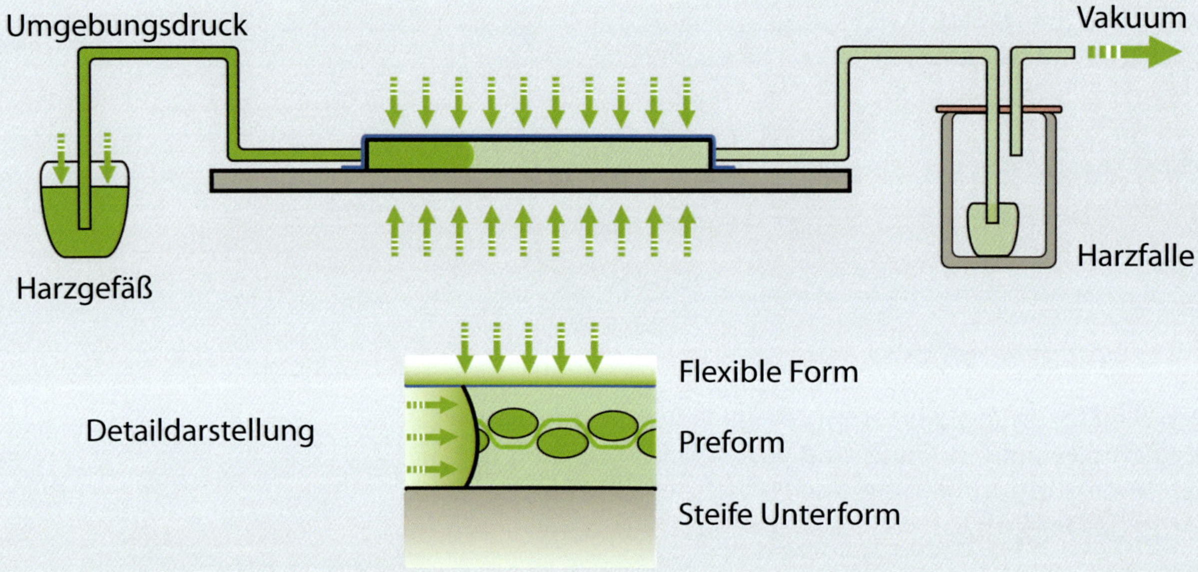

Notizen

LE 192 Verfahrensvergleich

Harzinfusionsverfahren im Vergleich zum Handlaminieren:

- Bessere Reproduzierbarkeit der Imprägnierung
- Geringere Arbeitsplatzbelastungen
- Aufwendigere Prozesstechnik

Harzinfusionsverfahren im Vergleich zum RTM:

- Geringere Investitionen
- Geringere Betriebskosten
- Geringerer Faservolumengehalt

Notizen

LE 193 Autoklavtechnik

Die Autoklavtechnik ist ein aufwendiges Verfahren und wird für die Herstellung von komplizierten, mechanisch und thermisch hochbelastbaren Bauteilen angewandt. Zum Einsatz kommen vorgefertigte Prepregs. Der Prozessdruck liegt im Bereich von 10 bis 15 bar und die Temperatur beträgt ca. 170 °C.

Der Anwendungsbereich ist für Bauteile mit höchsten Anforderungen, wie in der Luft- und Raumfahrt sowie im Rennsport.

Notizen

LE 194 Pressverfahren

- Kaltpressverfahren
- Heißpressverfahren
- Nasspressverfahren
- Prepregpressverfahren

Notizen

LE 195 Kaltpressverfahren

Für das Kaltpressen wird eine nicht beheizten Kunststoffform verwendet. Das Verfahren kommt für kleine und mittlere Serienstückzahlen zum Einsatz.

Das Kaltpresshalbzeug besteht aus der Feinschicht, der Laminatschicht und der Hinterfütterung.

Für die Hinterfütterung wird beispielsweise EP-Harz-Beton verwendet.

Notizen

LE 196 Heißpressverfahren

Bei großen Stückzahlen wird das Heißpressverfahren eingesetzt. Bei diesem Verfahren kommen beheizte, oberflächenvergütete Metallwerkzeuge zum Einsatz.

Notizen

LE 197 Sheet Moulding Compounds (SMC)

Bei der Herstellung von SMC (Sheet Moulding Compounds) wird ungesättigtes Polyester- oder Vinylesterharz mit geschnittenen Glasfaserrovings zwischen zwei Trägerfolien verdichtet. Da das Werkzeug beheizt wird, zählt dieses Verfahren zum Heißpressen.

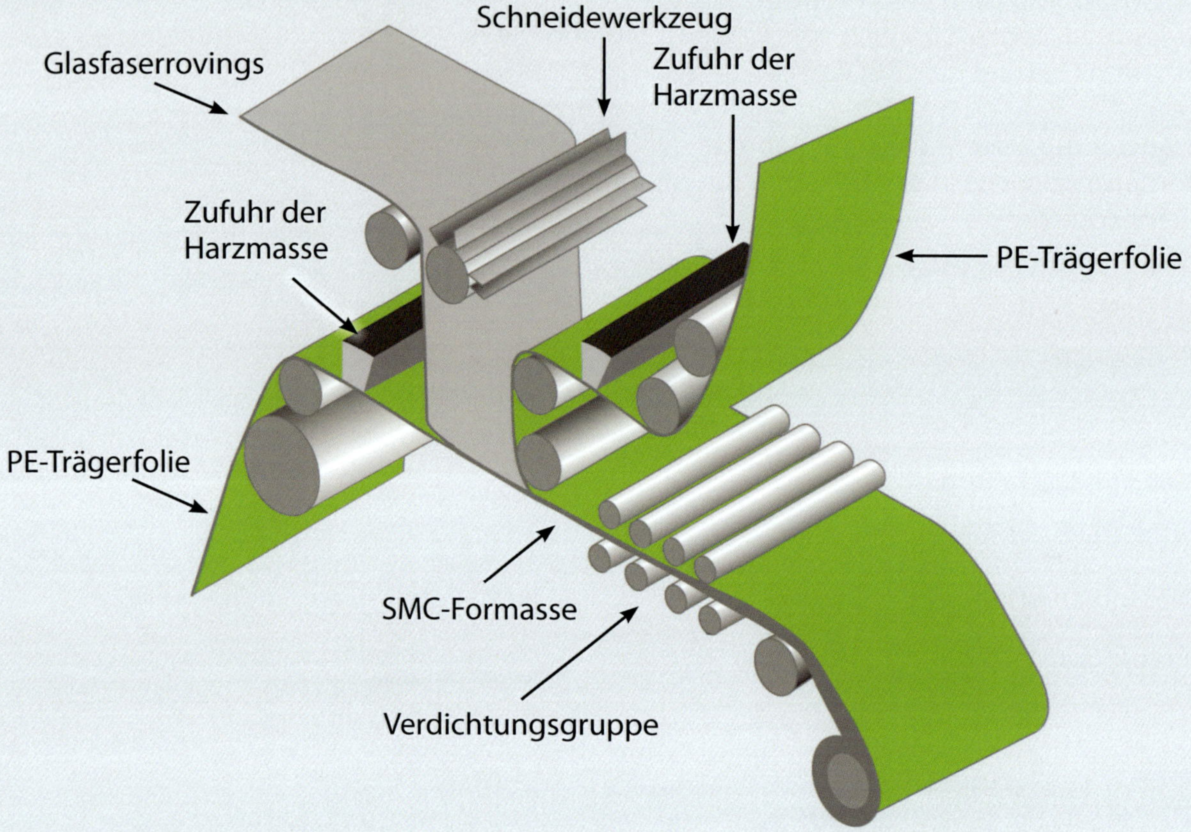

LE 198 Nasspressverfahren

Verstärkungsmaterialien werden in eine Form eingelegt und mit Harz (gegossen oder injiziert) imprägniert.

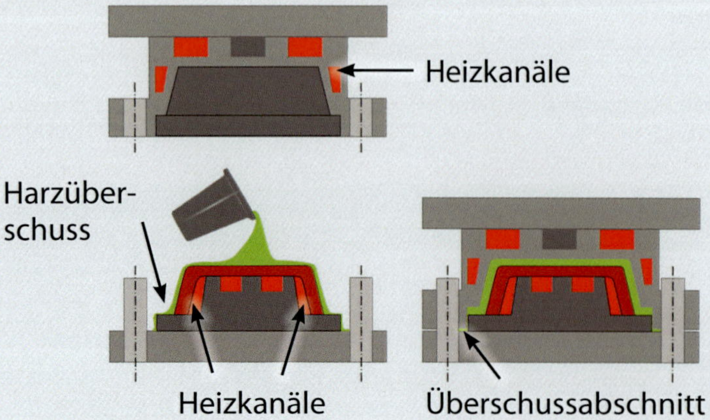

Notizen

LE 199 Prepregpressverfahren

Beim Prepregpressverfahren werden vorimprägnierte Formmassen eingesetzt, die zu Formteilen gepresst werden.

Verstärktes Granulat

BMC-Pressmassen

SMC-Harzmatten

Notizen

LE 200 Pultrusionsverfahren

Im Pultrusionsverfahren werden GFK-Profile gefertigt.

In einer beheizten Form werden Verstärkungsfasern mit UP- oder EP-Harzen kontinuierlich imprägniert und anschließend ausgehärtet.

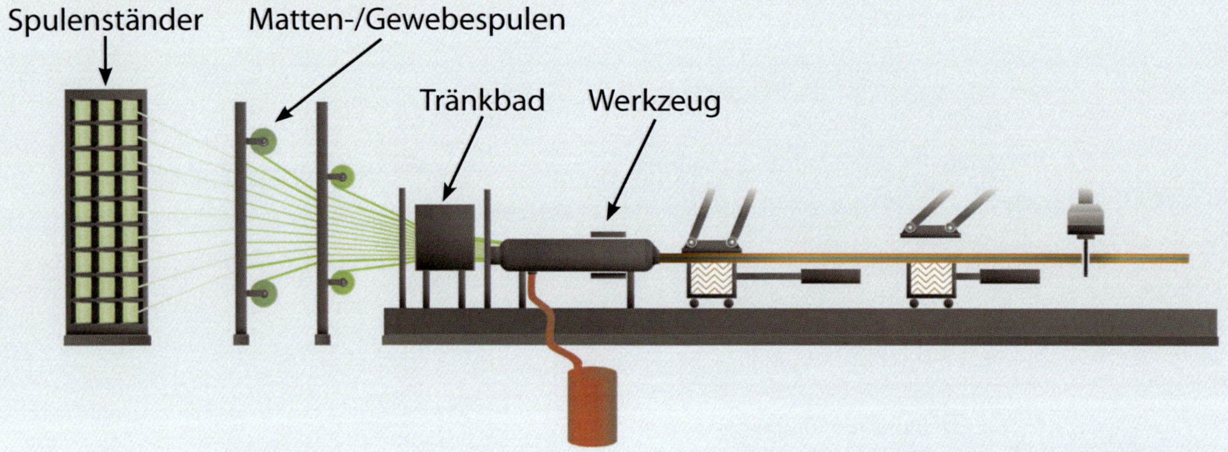

LE 201 Wickelverfahren

______________-herstellung durch Wickeln von Fäden, Rovings, Gewebeband oder Matten um einen Wickelkern.

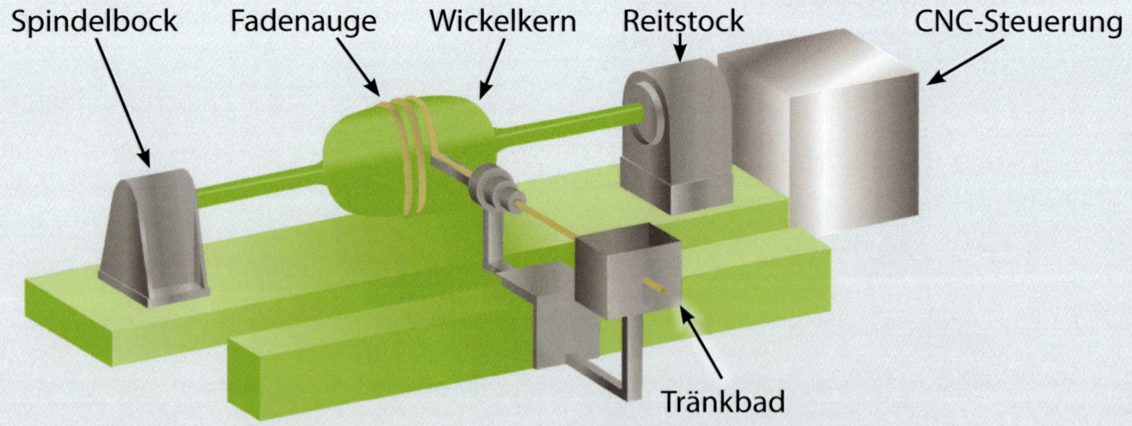

Für diese Verfahren werden häufig schwindungsarme UP-Harze eingesetzt.

Aufgrund der äußerst geringen Volumenschwindung ist die Ausbildung einer glatten Oberfläche möglich.

Notizen

LE 202 Flechtverfahren

Es erfolgt ein ___________ Beflechten von geometrischen, komplexen Körpern. Der trocken umflochtene Kern wird anschließend durch ein Harzinjektionsverfahren getränkt.

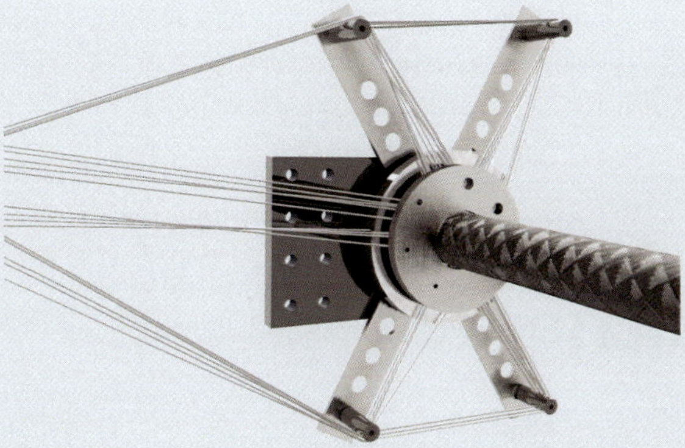

Notizen

LE 203 Schleuderverfahren

In einen rotierenden Zylinder wird geschnittenes Verstärkungsmaterial mit aktiviertem Härter gegeben. Durch die Fliehkraft erfolgt die Tränkung und Verdichtung.

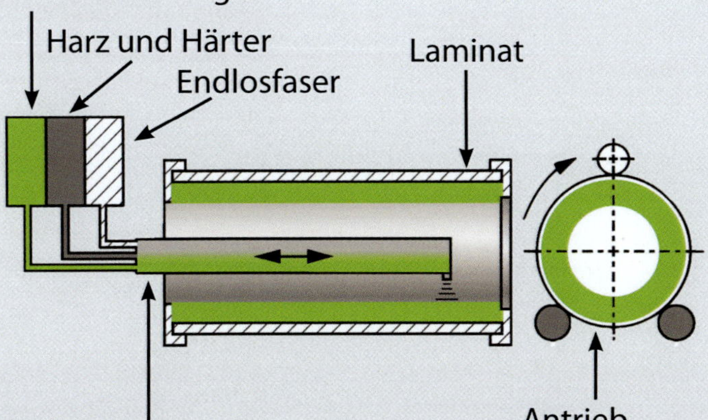

Notizen

Arbeitssicherheit

LE 204 Einleitung

Jeder Arbeitgeber in Deutschland ist gesetzlich dazu verpflichtet, den Arbeitnehmer durch Arbeitsschutzmaßnahmen vor Arbeitsunfällen sowie vor gesundheitlichen Schäden zu schützen.

Beim Umgang mit Chemikalien, textilen Halbzeugen und Maschinen ist es daher wichtig, den Arbeitsanweisungen zu folgen und die geltenden Sicherheitsvorschriften einzuhalten.

Bei Mängeln oder Gefährdungspotenzialen besteht eine Meldepflicht durch die Beschäftigten.

Notizen

LE 205 Beurteilung der Tätigkeiten

Für jede Tätigkeit muss der Arbeitgeber eine ____________________________ anfertigen.

Diese Beurteilung muss alle Arten von Gefährdungen sowie die Maßnahmen zum ___________ der Beschäftigten beinhalten.

Die Arbeiten dürfen ausschließlich von unterwiesenen Personen durchgeführt werden. Eine Unterweisung muss auf die jeweilige Arbeitssituation abgestimmt sein.

Notizen

LE 206 Werkstatträume und -einrichtung

Lagerräume für Halbzeuge und Chemikalien:

- Regale
- ______________________ zur Lagerung kleiner Peroxid- und Lösemittelmengen

Zuschneideraum:

- Rollengestell für textile Halbzeuge
- Werkbank für Zuschnitte
- Scheren sowie Rollenschneider

______________________________:

- Mess- und Mischgefäße bzw. Mischgeräte (Waage; Messpipetten und -zylinder, Gefäße verschiedener Größe, Misch- und Rührgeräte)

__________________:

- Laminiertisch mit Tischabzug (nach Größe der herzustellenden Formteile)
- Werkzeuge (u. a. unterschiedliche Laminierpinsel, Nylonwalzen, Entlüftungsroller, Eckenroller)
- verschließbarer Abfalleimer

Separater **Raum für mechanische Nachbearbeitung**:

- Maschinen (Sägen, Schleifen, Bohren usw.)
- Absauganlage für Staub und Feinstaub

Notizen

LE 207 Ausstattung der Räume

Für die verschiedenen Arbeiten müssen die jeweiligen Räume mit Zu- und Abluftanlagen ausgestattet und Brandschutzmaßnahmen umgesetzt sein.

Weiterhin muss die persönliche Schutzausrüstung (PSA: u. a. Atemschutzmasken, Augenspülstationen, Schutzbrillen, Arbeitsanzug, Handschuhe, Handschutz-, Hautreinigungs- und Hautpflegemittel) vom Arbeitgeber

Notizen

gestellt werden, um die anfallenden Tätigkeiten sicher und ordnungsgemäß durchführen zu können.

Notizen

LE 208 Lagerung

Peroxide keinesfalls unmittelbar mit Beschleuniger zusammenbringen, da Verpuffungsgefahr besteht.

Auch bei der Lagerung gilt es, einen Sicherheitsabstand zwischen den Chemikalienbehältern einzuhalten.

Bei großen Mengen müssen Härter und Beschleuniger in _______________ Räumen aufbewahrt werden.

Behälter stets geschlossen halten.

Notizen

LE 209 Zuschneideraum

Neben der erforderlichen Ausstattung sollte genügend Platz vorhanden sein, um die Zuschnitte ungehindert anzufertigen.

Schnittgefahr: Beim Schneiden der textilen Halbzeuge ist darauf zu achten, dass geeingete Schutzkleidung getragen wird.

Notizen

LE 210 Mischraum

Eine Nähe zum Lagerraum ist vorteilhaft, um kurze Arbeitswege zu ermöglichen.

Auf sauberes und ordnungsgemäßes Mischen der Chemikalien ist zu achten.

Notizen

LE 211 Laminierraum

Für Laminierarbeiten muss ausreichend Platz sein (Mindestabstand von Werkzeug und Wand: 1,5 bis 2 m).

Stein- und Keramikböden _______________, um die Bodenreinigung zu vereinfachen.

Eine weitere Möglichkeit ist das Auslegen des Bodens mit schwer entflammbarem Papier.

Notizen

LE 212 Raum für mechanische Nachbearbeitung

Aufgrund der beim Schleifen durch die Feinstäube resultierende Explosionsgefahr, muss eine raumluftunabhängige Absaugung betrieben werden. Bereits eine Partikelgröße von 0,5 mm im Staub/Luft-Gemisch kann eine Staubexplosion zur Folge haben.

Druckluftbetriebene Maschinen helfen zudem, die Anzahl potenzieller Zündquellen zu verringern.

Notizen

LE 213 Grenzwerte am Arbeitsplatz

Der Arbeitsplatzgrenzwert (AGW) ist der maximal zulässige Grenzwert einer Stoffkonzentration in der Luft. Der AGW gibt an, bis zu welcher Konzentration eines Stoffes keine akuten oder chronisch schädlichen Gesundheitsauswirkungen zu erwarten sind.

Der biologischer Grenzwert (BGW) ist die für Menschen zulässige Konzentration eines Arbeitsstoffes, bei der keine gesundheitliche Beeinträchtigung auftritt.

Notizen

LE 214 Styroldämpfe

Damit die AGW-Werte nicht überschritten werden, muss in der Werkstatt eine Zu- und Abluftanlage installiert sein und bestimmungsgemäß betrieben werden.

Notizen

LE 215 Absaugung und Frischluftzufuhr

Die Absaugung sollte in ______________ und die Frischluftzuführung in ______________ erfolgen, da Styroldämpfe schwerer als Luft sind.

Ein geringer ______________ im Laminierraum verhindert das Ausströmen der Styroldämpfe.

Für kleinere Formteile können Tischabsauganlagen am Arbeitsplatz betrieben werden.

Ein direkter Luftstrom im Bereich der Arbeitsfläche sollte vermieden werden, da sonst eine übermäßige Styrolverdunstung eintritt.

Notizen

LE 216 Lüftungseinrichtung

Die durch die Lüftungseinrichtungen erfassten Schadstoffe dürfen aus Umweltschutzgründen ________ in die Außenluft abgeführt werden. Filter und Wäscher müssen je nach Anforderungen zwischengeschaltet werden.

Notizen

LE 217 Kontrolle der Absaugungsanlage

Die Wirksamkeit von Absaugungsanlagen muss regelmäßig ____________ werden.

Messfirmen können diese Aufgabe übernehmen.

Luftschadstoffe am Arbeitsplatz müssen in regelmäßigen Intervallen gemessen und analysiert werden.

Notizen

LE 218 Klima

Die optimale Arbeitstemperatur liegt bei ____________. Weiterhin sollte die relative Luftfeuchtigkeit 70 % nicht überschreiten.

Weiterhin sollte direkte Sonneneinstrahlung beim Laminieren vermieden werden, da eine unkontrollierte Formteilerwärmung auftreten kann.

Notizen

LE 219 Atemschutz

Bei der Verarbeitung styrolhaltiger Harzansätze ist das Tragen einer Vollmaske Pflicht.

Bei kurzen Arbeiten mit styrolhaltigen Harzansätzen ist eine ____________ vorgeschrieben. Die Maske besteht aus einem Gehäuse, in das ein Filterpaket eingeschraubt ist (Grob-, P2 Feinstaub- und A2 Gasfilter).

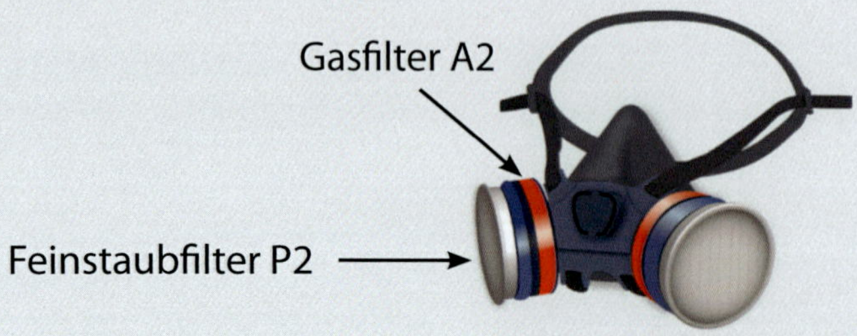

Notizen

LE 220 Verstärkungsmaterial/Reaktionsharze

Die ______________________ sind im Allgemeinen als ____________ zu betrachten, während beim Umgang mit Reaktionsharzen und -mitteln Gesundheitsschädigungen durch Hautkontakt, Einatmen der Dämpfe oder Augenverätzungen auftreten können.

Notizen

LE 221 Entzündbare Stoffe

Peroxide sind ________ entzündlich.

Styroldämpfe können mit Luft ein ____________ Gasgemisch bilden.

Auch bestimmte Reinigungsmittel sind brennbar, ihre Dämpfe können ebenso mit der Luft ein zündfähiges Gasgemisch bilden.

Reaktions- und Lösemittel müssen von allen Zünd- und Wärmequellen ____________ werden.

Notizen

LE 222 Persönliche Schutzausrüstung (PSA)

Zur Arbeitssicherheit gehört die persönliche Schutzausrüstung (PSA), die je sich nach Tätigkeiten unterscheiden kann.

Notizen

LE 223 Erste Hilfe

Sofort medizinische Hilfe anfordern und Informationen zum Schadstoff angeben.

Beim Verschlucken:

Wurde beispielsweise organisches Peroxid verschluckt, Wasser in kleinen Schlucken trinken. Zusätzlich den Mund mit Wasser ausspülen.

Bei Kontakt mit der Kleidung:

Benetzte Kleidung (auch Schuhe, Strümpfe) sofort entfernen und betroffene Hautstellen anhaltend mit Wasser (Notdusche) abspülen.

Bei offenen Wunden oder Verätzungen gegebenenfalls keimfreien Verband anlegen.

Unbedingt in ärztliche Hilfe begeben!

Notizen

LE 224 Hautschutz

- Vor Arbeitsbeginn die Hände mit spezieller ____________________ behandeln.
- Auf die richtige Auswahl der ______________________ gemäß der Gefährdungsbeurteilung ist zu achten.
- Nach Arbeitsende und gründlicher Reinigung der Hände geeignete Hautpflegesalbe verwenden.
- Hinweis: Lösemittel, Kaltreiniger, Benzin, Nitroverdünnung u. ä. dienen nicht zur Hautreinigung.

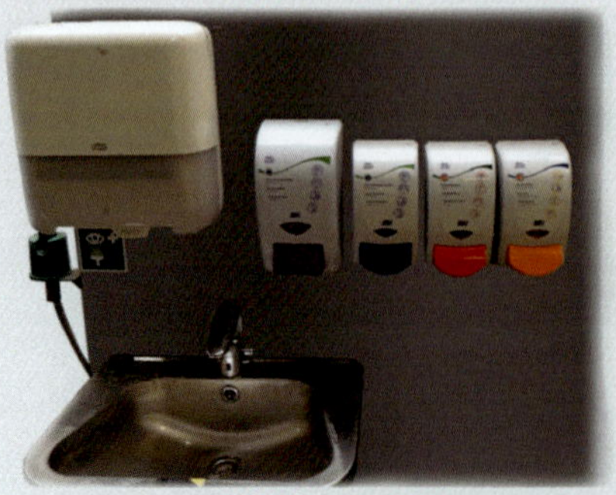

Hautpflegestation

Notizen

LE 225 Körperschutz

Ein geeigneter Körperschutz ist insbesondere beim Umgang mit Chemikalien (u. a. Peroxide und Lösemittel) wichtig.

Die Hände können vor chemischen Einflüssen durch ____________________, beispielsweise aus Butylkautschuk oder Fluorkautschuk, geschützt werden.

In Abhängigkeit vom Ausmaß der möglichen Gefährdung sind Schürzen, Stiefel und Vollschutzanzüge aus geeigneten Materialien zu tragen.

Notizen

LE 226 Augenschutz

Härter wirken stark ätzend auf die Augenschleimhäute.

▶ Dicht schließende ______________ tragen!

Bei Augenkontakt mit dem Härter erfolgt innerhalb von Sekunden eine Verätzung.

▶ Immer eine Augenspülflasche bereithalten und bei einem Unfall das betroffene Auge bei geöffnetem Augenlider intensiv spülen (Vorgang mehrmals wiederholen)!. Anschließend mit viel Leitungswasser nachspülen.

Notizen

LE 227 Augennotdusche

Sofern ein Wasseranschluss vorhanden ist, sind Augennotduschen zu installieren. Sollte kein Wasseranschluss für eine Notdusche zur Verfügung stehen, sind Augenspülflaschen in ausreichender Anzahl bereitzustellen. Inhalt der Augenspülflasche ist klares Leitungswasser __________ Zusätze. Der Inhalt der Augenspülflasche ist ________________ zu erneuern.

Piktogramm: Augennotdusche
bzw. Augenspülflasche

Notizen

LE 228 Augenarzt

Im Anschluss an die Hilfsmaßnahmen muss unverzüglich ein ______________ aufgesucht werden.

Für die Behandlung ist die Angabe hilfreich, welche Chemikalie ins Auge gelangt ist (möglichst Sicherheitsdatenblatt mitnehmen).

Notizen

LE 229 Sauberkeit am Arbeitsplatz

Unerlässlich zur Vermeidung von Gesundheitsschäden und Bränden/Explosionen ist die Sauberkeit sowie Ordnung am Arbeitsplatz.

Ungenutztes Werkzeug oder Materialien sollten aufgeräumt werden. Zusätzlich empfiehlt es sich, Einwegartikel (z. B. Pappbecher, Holzspachtel, Fließpapier und Papierhandtücher) zu verwenden.

Notizen

LE 230 Abfallbehälter

Sämtliche Abfallbehälter müssen aus ____________________ Material sein und über selbstschließende Deckel verfügen. Nach Arbeitsende sollten die Behälter geleert werden.

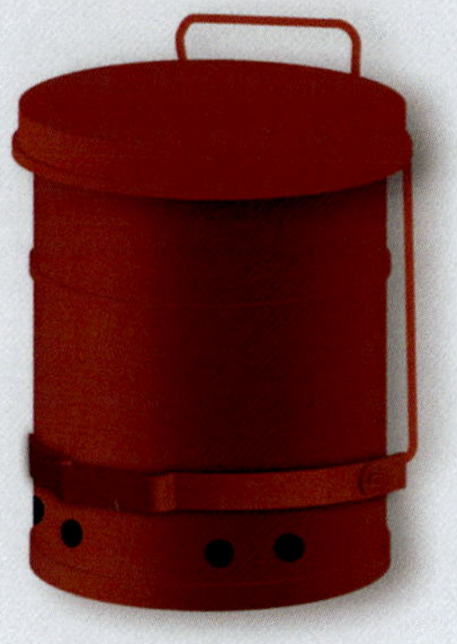

Sicherheitsabfallbehälter mit selbstschließendem Deckel

Notizen

LE 231 Lösemittelfreie Reinigungsmittel

Hierbei handelt es sich um biologisch vollständig abbaubares Reinigungsmittel auf Wasserbasis. Harzreste werden nicht aufgelöst, sondern aufgeweicht, ohne sie zu binden. Durch aktives Waschen werden Harzreste entfernt, sinken zu Boden und setzen sich dort ausgehärtet ab. Beim Reinigungsvorgang bilden sich __________ lösemittelhaltigen Dämpfe.

Notizen

Das Reinigen von Werkzeugen soll in entsprechend eingerichteten Reinigungsstationen erfolgen.

Notizen

LE 232 Merkblätter zur Arbeitssicherheit

Die ________________________ der chemischen Industrie (BG RCI) hat eine Reihe von Merkblättern herausgegeben:

- Merkblatt M 001 „Organische Peroxide"
  (DGUV Information 213-069)
- Merkblatt M 017 „Lösemittel"
  (DGUV Information 213-072)
- Merkblatt M 053 „Arbeitsschutzmaßnahmen bei Tätigkeiten mit Gefahrstoffen"
  (DGUV Information 213-080)
- Merkblatt M 054 „Styrol-Polyesterharze und andere styrolhaltige Gemische"
  (DGUV Information 213-081)
- Merkblatt M 058 „Organische Peroxide – Antworten auf häufig gestellte Fragen"
  (DGUV Information 213-096)
- BG-Information BGI 515 „Persönliche Schutzausrüstung"
  (DGUV Information 212-515)
- BG Bau GISCODE: PU40 PU-Systeme, lösemittelfrei, gesundheitsschädlich, sensibilisierend
  https://www.wingisonline.de/GISCodes.aspx?codeid=10

Notizen

Für die Zusammenstellung dieser Schulungsunterlage wurde folgende Literatur verwendet:

- AVK – Industrievereinigung Verstärkte Kunststoffe e. V.: Handbuch Faserverbundkunststoffe/Composites: Grundlagen Verarbeitung Anwendungen. 4. Auflage. Wiesbaden: Springer Vieweg, 2014
- Druckschrift, Trennmittel – alte und neue Weisheiten. Fa. ACMOS Chemie GmbH, Bremen
- Fa. BÜFA Gelcoat Plus GmbH & Co. KG. Druckschrift. Rastede
- Fa. Büsing & Fasch GmbH & Co. KG. Druckschrift. Chemie der Reaktionsharze. Oldenburg
- Fa. Büsing & Fasch GmbH & Co. Druckschrift. „Verarbeitung von OLDOPAL® – Gelcoats". Technische Information. Oldenburg
- Druckschrift, Fa. CT Platon GmbH Kunststofftechnik. Werkendam
- Druckschrift, Fa. Freudenberg Vliesstoffe KG. Weinheim
- Druckschrift, Fa. Reichhold GmbH. Norpol DION® Vinylester- und Bisphenolharze. Hamburg
- Druckschrift, Fa. Reichhold GmbH. Norpol Gelcoat „your guidline for a better quality". Hamburg
- Druckschrift,Fa. R&G Faserverbundwerkstoffe GmbH. Waldenbusch
- Druckschrift, Fa. Vetrotex Reinforcement GmbH. Herzogenrath
- Druckschrift, Fa. Vosschemie GmbH. Uetersen
- Gardziella, A.: Duroplastische Harze, Formmassen und Werkstoffe: Chemie, Eigenschaften, wirtschaftliche Bedeutung – aktuelle Anwendungen und Technologien. Rernningen-Malmsheim: expert Verlag, 2000
- Hopmann, Ch.; Michaeli, W.: Einführung in die Kunststoffverarbeitung. – 8. aktualisierte Auflage: München: Carl Hanser Verlag GmbH Co KG, 2017
- Hopmann, Ch.; Greif, H.; Wolters, L.: Technologie der Kunststoffe. Lern- und Arbeitsbuch für die Aus- und Weiterbildung - 5. neu bearbeitete und erweiterte Auflage. München: Carl Hanser Verlag GmbH Co KG, 2021
- Industriegemeinschaft Verstärkte Kunststoffe – Technische Vereinigung e. V.: Heute schon an morgen denken. Handbuch Umweltschutz. Frankfurt/Main
- Michaeli, W.: RTM/SRIM: Serienfertigung von Faserverbundbauteilen (Herausgeber: IKV). Düsseldorf: VDI Verlag, 1996
- Plaschke, F. P.: Bootsbau mit Kunststoffen: neue Techniken für den Einzel- und Serienbau. Uetersen: Verlag Klaus-W. Voss, 1977
- Plaschke, F. P.: Glasfaser-Polyester-Kunststoffe: die Verarbeitung von faserverstärkten Polyersterharzen in Theorie und Praxis. Uetersen: Verlag Klaus-W. Voss, 1979

Weitere Literaturangaben sind an entsprechenden Textstellen aufgeführt.